布艺样的家

节日家居布艺

（挪）托恩·芬南吉尔　著

王西敏　毛杰森　译

河南科学技术出版社

·郑州·

First published in 2008 under the title Tildas Julhus by Cappelen Hobby, 2008

著作权合同登记号：图字16—2009—18

图书在版编目（CIP）数据

布艺样的家·节日家居布艺／（挪）芬南吉尔（Finnanger, T.）著；王西敏，毛杰森译. —郑州：河南科学技术出版社，2009.10

ISBN 978-7-5349-4288-4

Ⅰ.布… Ⅱ.①芬…②王…③毛… Ⅲ.布料-手工艺品-制作 Ⅳ.TS973.5

中国版本图书馆CIP数据核字（2009）第073327号

出版发行：河南科学技术出版社
地址：郑州市经五路66号 邮编：450002
电话：(0371) 65737028 65788613
网址：www.hnstp.cn
策划编辑：刘 欣
责任编辑：刘 欣
责任校对：张景琴
封面设计：张 伟
责任印制：张艳芳
印 刷：北京盛通印刷股份有限公司
经 销：全国新华书店
幅面尺寸：210 mm × 275 mm 印张：9.5 字数：200千字
版 次：2009年10月第1版 2009年10月第1次印刷
定 价：36.00元

如发现印、装质量问题，影响阅读，请与出版社联系。

目录 CONTENTS

写在圣诞节和新年来临之际

圣诞节之后就是新年，这是一段令人欢欣的时光，家中弥漫着神秘的梦幻气息和美味佳肴的诱惑，充满了兴奋的期待。在深冬季节，我们确实需要这样的节日，为我们带来温暖和欢乐，帮我们驱走冬日的严寒和世俗的不快。圣诞节是与朋友家人团聚的时刻，一起烘烤蛋糕，一起装扮房间。圣诞节让我们享受生命，享受健康，享受与朋友家人相聚的快乐。本书会让一年一度的圣诞节和新一年的开端更加精彩。

但要当心啊！别为了追求节日的完美，把目标定得过高，不要给自己太多压力，不要太过劳累，悠着点儿，能做多少做多少。有些作品可以跳过，选择自己真正喜欢的。今年漏过的，明年可以再尝试，或者后年……要求过多，会在节日过后疲惫劳倦。

不必贪多求大，要充分享受过程中美好的点点滴滴。在圣诞和新年的熙熙攘攘中挑选适当的时机，享受一些快乐的休闲时光。

这些美妙的作品等着你去尝试，去创造。

本书的作品主要是配饰、玩具、装饰和房间摆设，其中许多是很好的节日馈赠礼品。由于每个人对色彩的喜好不同，风格爱好也各异，这里只是提供了样板，展示了怎样用这些作品美化自己的家园，诠释它们的方法可是千姿百态，能够各显神通。

过个不一般的圣诞节和新年吧！

托恩·芬南吉尔

制作材料

布料

本书主要使用了带花朵图案的布、纯色布和不织布，也用了一些经典的条纹布和格子布。棉布店里品种繁多，任由选用。天使和娃娃的身体用仿肤色布料缝制，而天使猪和天使鹅（44~49页）则分别选用了浅黄色和白色布料。

其他材料

胶带、水晶珠子、纽扣、头发、纸和纸饰品、小衣架、圣光环等物品，在好的小饰品店或缝纫用品店都可以买到。

特殊材料

许多作品需要用纤维黏合衬，作为垫层，使布料显得厚实平展。有些作品加了黏合衬，又进行了绗缝，但并不产生绗缝时常见的褶皱效果。

又硬又薄一面带黏合衬的毛毡（不织布），可用来制作帽子、礼袋等物品。

如果不需要加硬，只是为了加固某种薄布料，可使用较薄较软的纤维黏合衬。

贴布作品可使用一种特制的粘胶纸，用熨斗压在布料的反面，然后把纸撕去，就成了可以简单粘贴的贴布作品。本书中包头娃娃（98~99页）的脸部就是这样制作的。

制作技巧

Yo-yo

Yo-yo是把圆形布片缩拢成圆形饰，书中许多作品用它来点缀增色。这种小玩意坐在沙发上休息时就能缝制。最小的yo-yo（像93页指环上用的那种），只需要一块直径6 cm的圆形布，加上缝份就可制作。各种各样大小不同的盖子、碗、碟子等都可以用来画圆，最大的直径大约15 cm。做好后的yo-yo，大小是圆形布的一半。

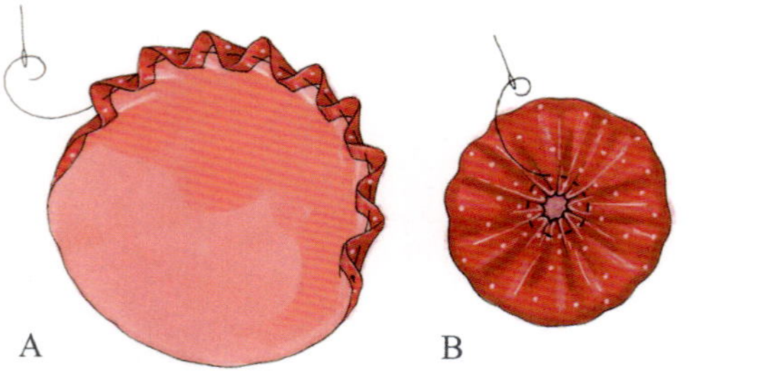

A　　B

制作方法

在布料的反面画上大小合适的圆，剪的时候加上缝份。把缝份向里折，然后沿着折边均匀地针缝，如图A所示。小yo-yo的针脚大约0.5 cm，大的可达1 cm。针角太小，缩拢时会比较难。

一圈缝完后，拉紧线把布缩拢在一起，最好沿着中心再缝一圈加固，如图B所示。线头打结，剪掉。

用隐针沿着边把yo-yo缝到作品上。

Yo-yo还可以用来装饰圣诞树。先把硬纸卡剪成圆形，大小是圆形布不包括缝份的一半，把圆形布缩拢在圆形纸卡上，然后沿着边缘穿透布和卡片，用绣线锁针缝一圈，做好后挽上一个挂环即可。

圆形饰品

书中的许多作品都用各种各样的小圆圈点缀，包括yo-yo、毛毡圆片、纽扣、水晶珠等，色彩协调，搭配相称。

此外，还可以缝制圆形饰。选用带玫瑰花朵图案的布料，正面朝里对折，画上直径大约4.5 cm的圆，关键是要把玫瑰花朵包括在内。沿边线缝一圈，剪下来，在其中一层布上剪出返口。把圆圈翻到正面，借助小木棍把边翻到位，然后熨平即可。

圆圈可直接缝到作品上，或添加在大yo-yo上。不织布圆片是把不织布剪成小圆圈，用锁针缝到作品上。缝的边可能会不整齐，剪刀可以稍倾斜一点，把突出的毛碴修剪整齐，但注意不要把缝线剪断。

树枝花环

花环可以买现成的，也可以自己用枝条和深色细铁丝编制。编好后，如感到太整齐或太死板，可拽出几个枝条，会看起来更生动自然。

粘上透明的水晶珠，会产生树枝花环结霜的效果。

把小水晶珠倒进一个大盘子，用胶枪把胶喷涂在树枝环适当的位置上，把带胶的部位压按在珠盘里，粘上小水晶珠即可。树枝环上的亮片可用透明胶粘上去，或直接使用亮片胶。

布料印花

在圣诞月日历上（102~105页和118~119页），日期是用印章一一压盖上去的。香料袋和心形饰上也可以用印章点缀装饰。布料不如平展的纸张容易压印，所以压印图案时要格外仔细，以取得最佳效果。

图案只需要印在一层面料上，可以把布料平铺在一个硬的表面再压印。印章图案的边缘很容易凸显在布料上，可以用纸剪一个稍大于印章图案的洞，罩在橡皮印章上遮住边缘，只有图案露出来。这样在压按印泥时，印油只覆盖在图案上，去掉遮纸再压印图案。

在布料上印花，印色要充足。如印泥已反复用过许多次，印出的图案也许太浅淡。

在作品上压印之前，要先在废布上试试印章效果，并确定数字间或图案间的准确距离。

图样板和描图

我有一台价格不高、但非常实用的机器，既能打印又能复印。如果想制作一个图样板，我只需把书上的图样复印在厚纸板上，用一把锋利的剪刀剪下即可。如果需要放大一个图样，就用复印机放大。需要时可放大好几份，然后把几个部分拼接在一起。

以前我常去图书馆复印，那里用的是普通复印纸，比较薄，不得不先用胶水把图样粘到硬纸板上，再剪下来使用。

描画绣缝的细节，比如壁挂上的文字，可以把布料罩在图样上，对着窗户亮光就能透过布料看到图案，用水消笔把图案描到布料上。也可以把布料平铺在桌面上，垫上复写纸，然后把图样放在最上边描上去。这些都应在熨上硬衬前做，描在单层布料上即可。

脸部制作

一般要在头发、帽子、耳朵、鹿角等都制作好后，再制作脸部五官，这样比较容易确定眼睛的位置。可先用图钉找准眼睛位置，去掉图钉把眼睛固定在钉孔处。珠针帽蘸些黑色颜料也可以作为眼睛。

用干刷子蘸些腮红、口红等扫出红润的脸颊。

细部涂染

小鞋的底、溜冰鞋、鸟嘴、动物鼻子、包头娃娃的头发这类细节部位可用水基颜料涂染，有时也需要使用染布的颜料，尤其是制作可水洗作品时，这点非常重要。

制作玩具动物时，我大多使用深棕色颜料，但做深色玩具熊时，则使用了粉色和浅黄色。涂染小鹅的嘴，我用了红棕色颜料，也可以使用黄褐色。

先用水消笔或细圆珠笔标出要涂染的部位，然后用尖头画笔仔细地涂染。确定鹅嘴上的亮白点，方法与制作眼睛相同。在驯鹿坐骑的鼻子处（116~117页）用一枚珠针会产生一个较大的亮点。

头发制作

天使女孩的头发用玩具娃娃的头发和细铁丝制作。最好的方法是把一根细铁丝从头部穿过，可用一枚大眼粗针把铁丝拉过，如图A所示。

如果觉得这样太难，就在头部两侧各深插一截铁丝，把一长缕头发绕在铁丝上，在头顶和头后来回绕来绕去，然后用针线把头发均匀地固定在头上。最后在另一根铁丝上也缠上约4 cm的头发，如图B所示。

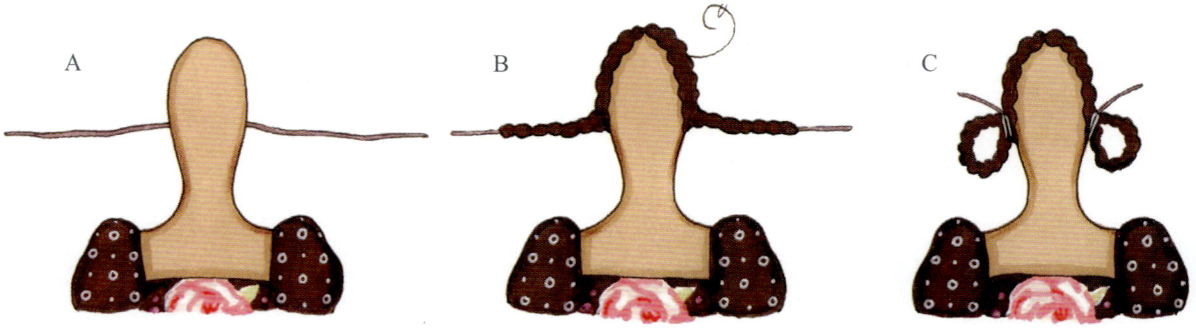

 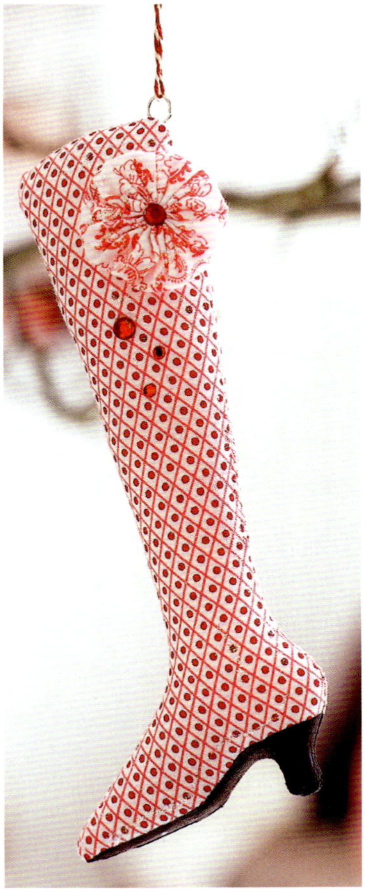

发辫向下弯成一个环，铁丝紧贴头部缠绕在发根处，固定好，如第10页图C所示。最后剪去多余的铁丝。

女顽童（60~62页）的发辫是把6缕头发在中间编在一起，固定在头顶，一边垂下3缕，编成发辫。在适当的长度上扎上缎带，剪去多余的头发。女顽童头上戴着帽子，只看得见垂下的发辫。

男顽童（63页）只需在头顶安一小束头发，戴上帽子后，只有几缕发卷从两边伸出。

特别效果制作

书中有些作品的着色是为了制造一些特别效果。比如天使翅膀、天使猪和小鸟贴布上的一些着色，给人一种古旧、年代久远的感觉。松糕贴布（66页）上的着色是为了产生立体的视觉效果，使得它们更突出于背衬之上。半身天使贴布（78~79页）也有这样的效果。

用干画笔蘸些浅黄色或棕色布染印泥色，扫涂在适当的位置，就能取得这种效果。

布染印泥系列品种繁多，好的小饰品店都有销售。

亮片胶可随个人喜好粘在完成的作品上，为它增亮添彩。

填充步骤

缝线

一般情况下，不要急于剪下图形，先把布料对折，描画上图样，并要标出返口。

沿画线缝针，针脚要均匀整齐，长1.5~2 mm，参见图A。

剪图

剪出图形，缝份不要太宽，一般3~4 mm宽。但返口处缝份要留得宽些，一般7~8 mm宽。

缝线向内弯曲处，在缝份上剪出些芽口，如图B所示。

翻面

翻面时，可借助于小木棍，主要使用木棍钝的一端。但在翻鸟嘴这样的细部时，需要小心地使用木棍较尖的一端。可把木棍尖头稍截去一点，以避免刺破布料。给天使腿这样细长的部位翻面时，要用木棍的钝头顶在脚部，如图C所示。先从脚部开始，一点一点把腿部沿木棍向下拉，如图D所示。腿部继续向下拉，直到顶端或脚从返口露出来，然后拽住脚部，同时抓紧腿的其他部分使劲拉，把它翻过来，如图E所示。手臂当然也可以这样翻面。

内折

开口处的额外缝份一般要沿着线向里折，然后缝上。但是天使的腿和手臂等部位例外，因为这些要连接到身体上，因此缝份不必内折。

填充

可能的话，一般用手指填充即可，手指够不到的地方可使用笔杆。但工具不宜太细太滑，以免在填料中间滑动。

要把填料松松地塞进去，如把填料压成一团塞进去，不容易填充均匀。填充时要仔细、实实地填到位，不够再继续填，直到达到质地实、形状好的效果。

最后缝上返口。

A

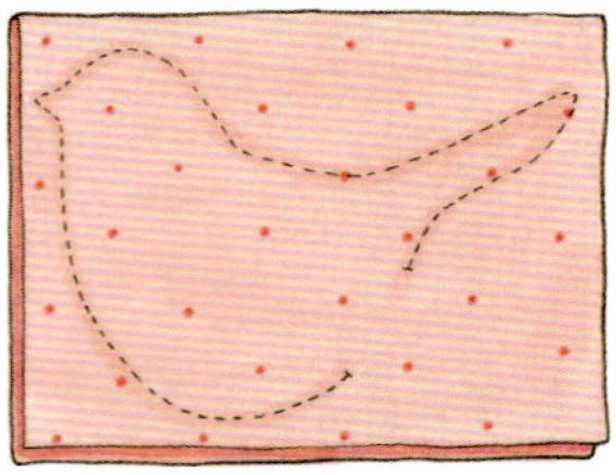

B

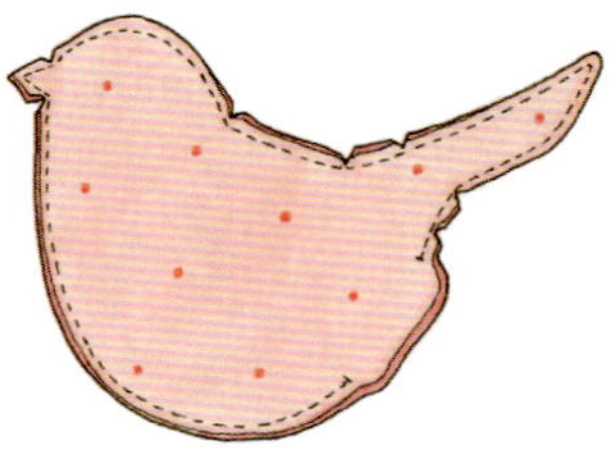

C

D

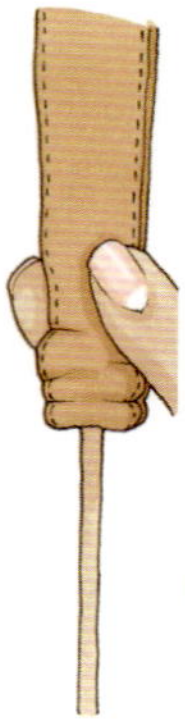

E

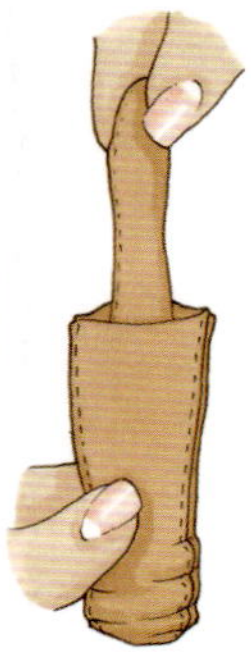

wish you
a
wonderful
christmas

门厅布艺

走进门厅，映入眼帘的首先是各式迷你靴子、迷你溜冰鞋，悬挂在大花盆中伸出的枝条上，点缀着珠子亮片的纸袋小巧玲珑、图案精美；还有为你提供创作灵感的各式圣诞或节日礼物——手提包、帽子、手套、围巾……

手提包

制作材料

☆ 提包和提包带面料
☆ 高密度黏合衬
☆ 提包里料
☆ 按扣
☆ 装饰用缎带
☆ 图样见150页

A

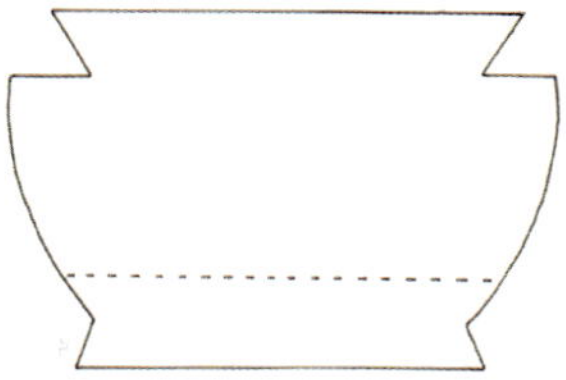

B

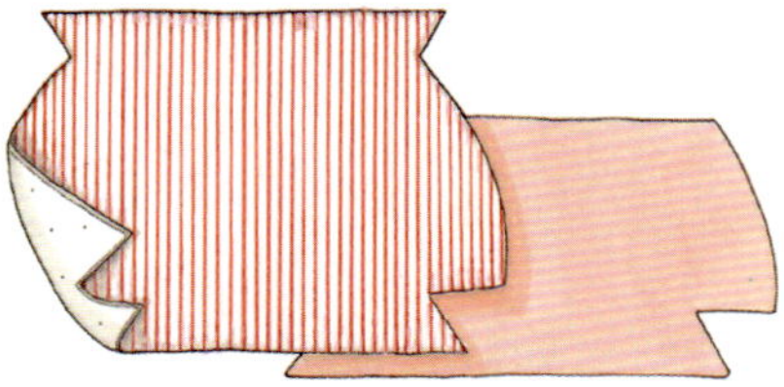

C

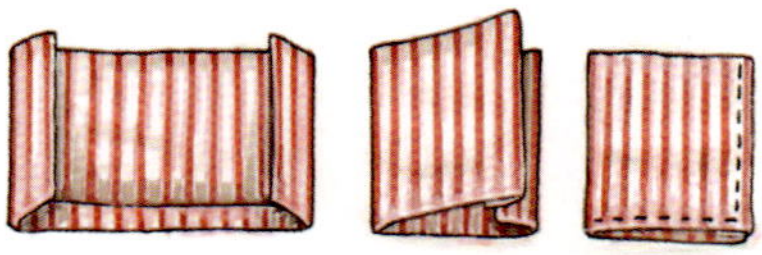

D

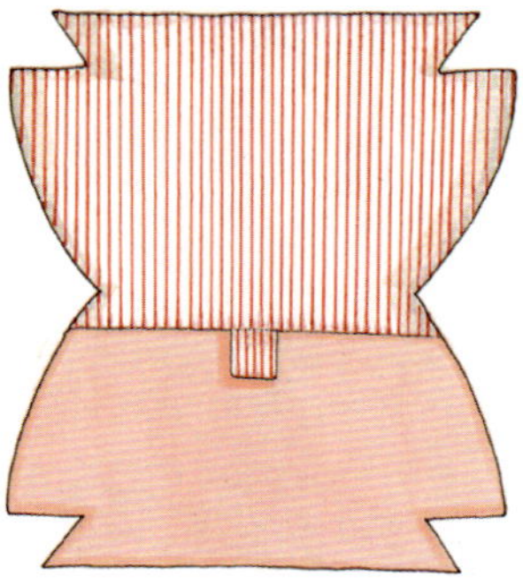

E

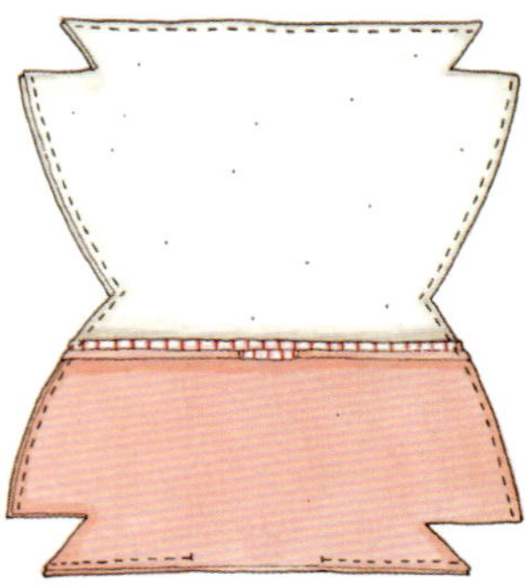

制作方法：

注意图样是分开的，以便容纳在一页上，把几部分拼接在一起，成为图A所示形状。

按整个图样大小，面料和高密度黏合衬各剪两块，黏合衬熨到面料反面。里料也剪两块，长度至图样虚线处即可，如图B所示。所有材料都要另加缝份。

剪两个8 cm × 4 cm的长布条，作为按扣的搭条，也要另加缝份。

长条的两个短边和一个长边的缝份都向内折，再把布条对折成4 cm × 4 cm，两边都有缝份。把开口的一侧缝合，如图C所示。

两组提包的面料和里料分别正面相对叠压，把按扣搭条夹在两层之间提包中心的位置，面料和里料缝在一起，成为两块图D所示样子。

按照按扣盒上的说明，把按扣的两部分分别固定到按扣搭条上。

把两块布料正面相对叠压，沿四周缝合在一起，在里料上留出返口，如图E所示。

底部角处的两边要相对，缝合在一起作为包底，如19页图F所示。

F

缝合。在离提包两侧7 cm处标出位置，用珠针把包带固定在离包口2.5 cm处，带头朝上。在离包口3 cm处缝一圈，同时包带缝到包上，如图G所示。缝线大约在面料与里料在包内连接的地方，缝的时候要确定按扣搭条是朝下的。

包带向上熨平，再沿着包口缝一圈，离边缘大约3 mm，如图H所示。

如果喜欢，可在包带缝线之间的“通道”中穿一条天鹅绒带，在提包的正面打个结作为装饰。

G

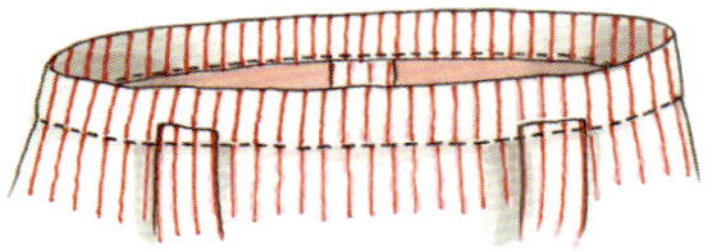

H

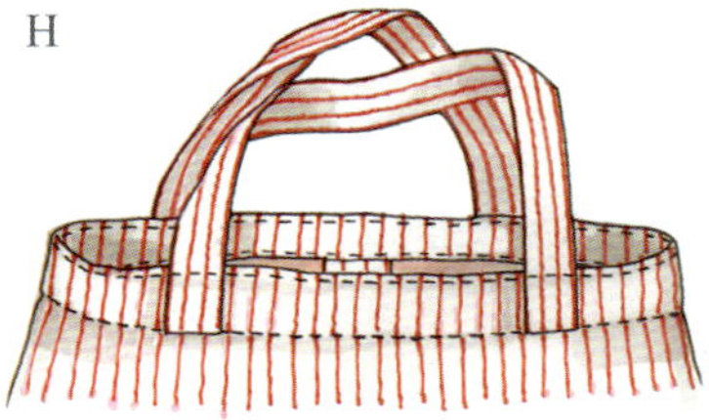

剪去多余的缝份，翻到正面，用熨斗压平。里料推进包内，铺平展。

面料剪成57 cm×8 cm的长条作提包带，要另加缝份。再剪两条同样长短的高密度黏合衬，但不必留缝份。

黏合衬熨到布条反面，布条的缝份在黏合衬两边要均等。缝份向内折，然后把布条横着对折，成57 cm×4 cm，把开口一侧

帽子

这顶红帽子真是难得的珍品，也是我的至爱。这里有大大小小、各种造型的帽子任你选择。

制作方法

帽子可用毛毡或其他布料制作，但都需要里料。如果面料较薄，要加上黏合衬，能让帽子保持较好形状。

图样分大小两种，成人的和儿童的，用皮尺量量头围，确定适合的尺寸。成人帽适合头围53~60 cm的人，儿童的帽子大概46~52 cm。这些尺寸是大概数，还要看布料的弹性情况。

帽子布料要求是一整片，要把书中图样复制6份，边对边相接在一起，形成波浪王冠形,如图A所示。按这个形状剪出毛毡和里料，另加上缝份。毛毡和里料正面相对叠压，沿着底边缝线，如图A所示。

毛毡和里料分开，弧形边都相对缝合。缝份向两边分开，熨平。把开口缝合，但要在里料上留出返口，如图B所示。剪去多余的缝份。

帽子翻到正面，缝上返口。里料推入帽内，把帽边熨平展。沿帽边缝一圈，固定里料，如图C所示。

制作材料

☆ 毛毡（不织布）或一般面料

☆ 里料

☆ 点缀材料（随个人喜好）

☆ 图样见137页

A

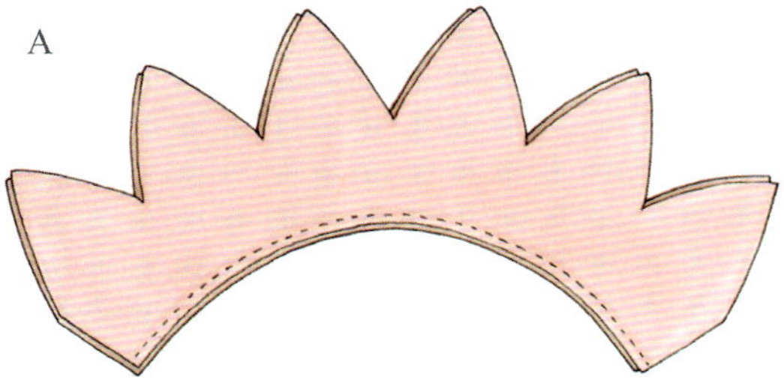

B

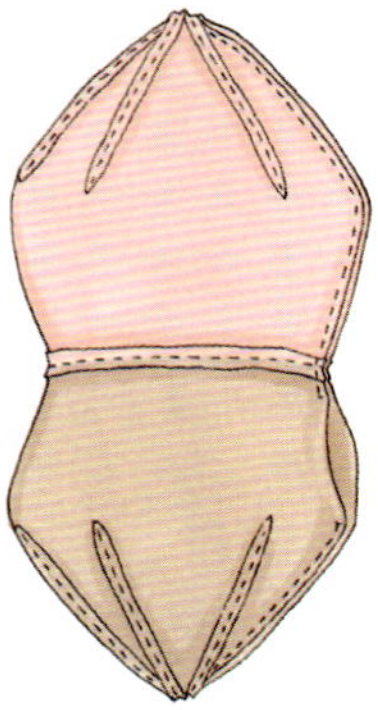

C

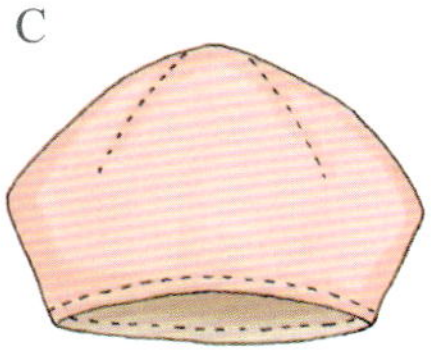

帽架

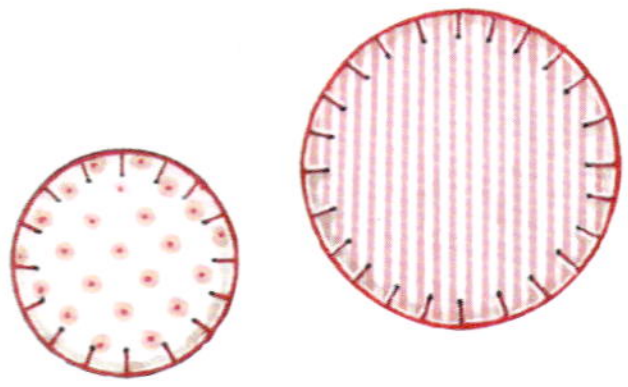

可以再做个漂亮的帽架，展示一下自己的杰作。把适当长度的木棍固定到底座上，剪一块直径大约20 cm的圆形布料，布边朝里折，用大针脚缝一圈，做法与第8页yo-yo的制作基本相同。稍稍缩拢圆形布，塞入填充材料，套在木杆上。圆球紧紧地缩拢在木杆上，线在木杆上绕几圈再缝结实。

毛毡手套温暖舒适，个性十足，是极好的圣诞馈赠礼品。

连指手套

制作材料

☆ 毛毡（不织布）

☆ 扁松紧带

☆ 点缀材料

☆ 图样见133页

A

B

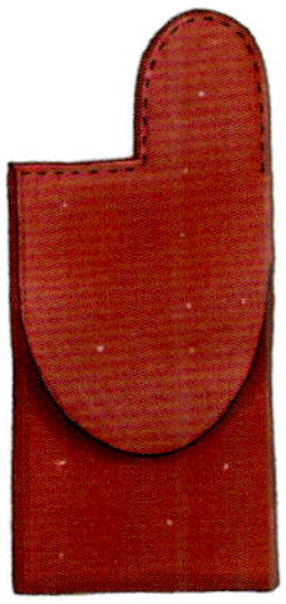

C

制作方法

图样有儿童的和成人的两种尺寸，把手放在图样上，看是否适合自己。如尺寸不合适，可用复印机把图样放大或缩小。

每只手套包括3部分：带拇指的下半部、带拇指的上半部和完整的连指部分。剪出各部分，都要另加缝份，见图A。

裁剪上半部和下半部时，注意手套的拇指是相对的，一定要分出左右手。

手套的上半部和下半部正面相对，缝合在一起，如图B所示。

缝合的两部分与连指部分正面相对，沿边缘缝合，如图C所示。

手套口的缝份折起，沿着边缝一圈，不要扎透毛毡布。剪去周围多余的缝份。

每只手套剪大约6 cm长的松紧带，儿童的5 cm即可。松紧带固定在图样上拇指一面大约虚线的位置，先把松紧带的两头在两边的缝份上缝牢固，手套戴在手上伸展开，松紧带扯成手套的宽度。把松紧带绕缝在手套上，不要扎透毛毡布。手套翻到正面，松紧带均匀缩拢，手套就不会从手上滑脱。随个人喜好，可按第8页说明在手套上加些点缀。

围巾

制作材料

☆ 毛毡（不织布）
☆ 一般面料
☆ 里料
☆ 点缀用缎带（随个人喜好）

制作方法

就着毛毡布卷的幅宽剪出17 cm宽的长条（毛毡布一般幅宽140~150 cm），要另加上缝份。在毛毡条的两端各缝上一块17 cm×14 cm的面料，记住另加缝份。如果喜欢，可在毛毡布与面料之间缝一条天鹅绒带或其他材料。剪一条整个长度的里料，也可以两块布料接在一起。长条与里料正面相对叠压，沿周边缝合，留出返口。剪去多余的缝份，翻到正面，熨平，缝上返口。Yo-yo做成饰针，中心再加上小圆饰是很好的点缀，参见第8页yo-yo和圆形饰的制作。

围巾舒适、典雅、富有个性，再配上漂亮的帽子和手套，在冬日的严寒中，让人倍感温馨。

迷你靴子和溜冰鞋

制作材料

☆ 布料

☆ 深棕色工艺颜料

☆ 溜冰鞋所需的铅丝、钳子和胶水

☆ 点缀材料

☆ 填充材料

☆ 图样见134页

制作方法

布料正面朝里对折，画上图样，沿着靴样缝一圈，如图A所示，记住要留返口。沿缝线剪下来，翻到正面，熨平展，填充后，缝上返口。按图样中虚线标示，靴底用棕色颜料涂染，参见第10页“细部涂染”部分的说明。

如果喜欢，可用锈线在靴子上或溜冰鞋上缝上花边。

制作冰刀时，用钳子把铅丝的一端弯曲，剪出图样所示的长度即可。

冰刀用胶水粘在溜冰鞋底，再用线缝牢固，如图B所示。

如果喜欢，可用缎带和水晶珠点缀靴子和溜冰鞋。

A

B

布置门厅时，什么能比得上精巧雅致的小靴子和小溜冰鞋呢？

起居室布艺

装扮圣诞或新年期间的起居室，主要使用了深棕色和粉红色的面料，以呈现出浓浓的节日气氛。圣诞树上，栖息着小鸟，悬挂着锥形纸筒和彩色小木偶；这里还有优雅的长腿天使，以及身着褐色装、敦敦实实的包头娃娃。

天使

制作材料

☆ 仿肤色布料
☆ 上衣和裙子布料
☆ 裤子布料
☆ 翅膀布料
☆ 薄黏合衬（需要时用）
☆ 填充材料
☆ 做项链用的缎带和水晶珠
☆ 鞋子颜料
☆ 圣光环
☆ 天使支架（需要时用）

制作方法

天使图样有两种尺寸，起居室的天使较小，大约48 cm高，图样在142页。131页上的天使较大，大约80 cm高，图样在146~147页。

身体

开始前，先阅读12页的“填充步骤”部分。

仿肤色布和天使上衣布料缝在一起作身体部分，缝份折向两边，熨平。连在一起的布正面朝里对折，描上身体图样。仿肤色布与上衣相接的地方，基本上是图样虚线位置。手臂的仿肤色布和上衣以同样方式缝在一起，正面朝里对折，描上手臂图样。

腿部的布料也对折，描上图样。每个部位沿四周缝线，如34页图A所示。

剪出各部分，翻到正面，熨平，按12页的说明填充身体和手臂。如果想让腿部能够弯曲，先填充一半，横着缝一条线后，再填充其余部分，如34页图B所示。

裤子

裤子只是两条裤腿，与双腿一起连接到身体上。裤腿的布料正面朝里对折，描上图样，沿边线缝上，剪出。裤脚的缝份折起，缝针固定，或用黏合衬胶固定。裤腿翻到正面，熨平，套在腿上，开口处对齐。横着把开口缝合，两部分固定，如34页图C所示。

身体开口处的缝份向里折，把腿塞进去缝在一起。手臂开口处的缝份向里折，与肩膀对齐压紧，一圈缝合后，手臂垂直在身体两侧，如34页图D所示。

裙子

剪出36 cm × 25 cm的裙子布料，另加上缝份。布料正面朝里对折，成为18 cm宽，把开口一侧缝合。裙子底边朝里折，熨平，沿着底边缝一条线。上边的缝份也朝里折，打成褶，围着天使缝合一圈，线缝要在天使背后。裙子的位置要高一些，离上衣的边大约2 cm。

翅膀

天使翅膀的图样上有条折线，实际图样要大一倍。

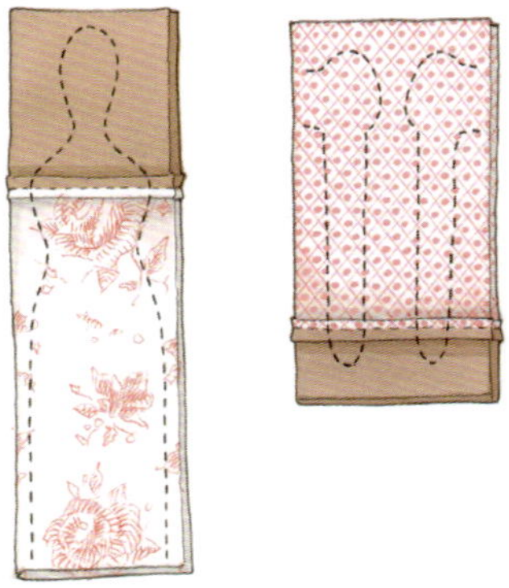

A

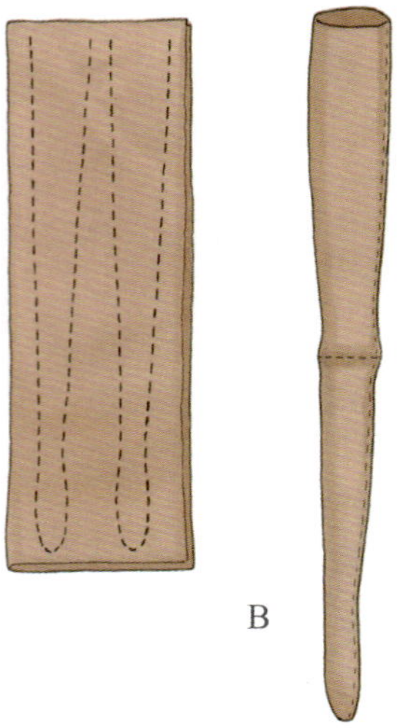

B

C

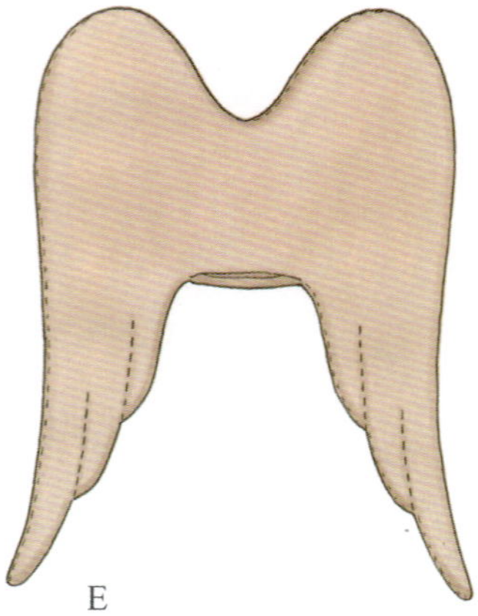

E

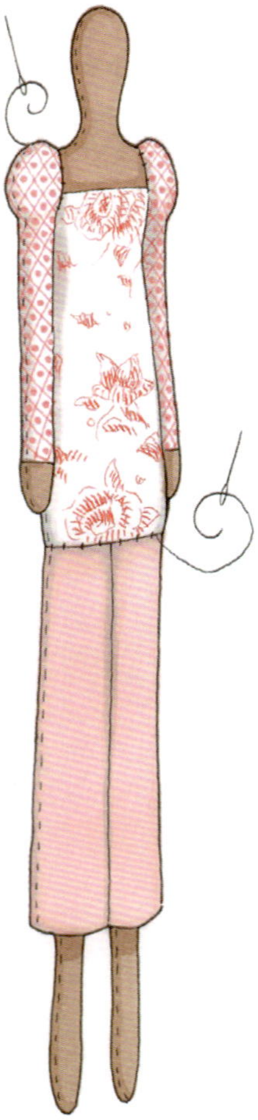

D

可把黏合衬熨到翅膀布料的反面，使布面更加光滑平展。翅膀布料正面朝里对折，描上图样，缝好，剪出来。

缝线朝里弯曲的地方，缝份上一定要剪出芽口。翅膀翻到正面，可借助木棍把每处都翻到位。

翅膀熨平，用缝纫机在图样显示的翅膀尖上面车出几条线，如图E所示。

用木棍先把缝线之间的条条填充好，再填充翅膀其他部位，填充好后，缝上返口。用大针和绣线把翅膀缝到天使身上。

随个人喜好，可以用缎带和水晶珠做一个项链，戴在天使脖子上。如缎带太宽，可以折成双层。

按第10页和11页的说明制作头发、脸部以及特别效果。可使用现成的金属环，或把铅丝弯一下，紧紧插入头顶，作为圣光环。

按第10页的说明给鞋涂色。天使鞋很小，涂至图样上最低虚线处即可。

天使可固定到站立架上。用铅笔刀把木杆的头削尖，向上插入天使身体，直到脚触到架子底座。如想把天使悬挂起来，就为她缝上一个小缎带环。

图中用于点缀的是最小的心形饰，参见70~71页的“心形饰”制作。

主要图样在142页和146~147页，腿和裤子图样在134页和135页。

小鸟

制作材料

☆ 小鸟布料
☆ 棕色工艺颜料
☆ 点缀材料（随个人喜好）
☆ 填充材料
☆ 图样见135页

制作方法

把两倍于小鸟大的布料正面朝里对折，描上图样，沿边线缝合，留出返口。剪出来，翻到正面，按12页的说明做填充，缝上返口。用工艺颜料给鸟嘴涂色。随个人喜好，可缝上个小金属环悬挂用。

小鸟贴布

除了上述材料，还需要一些深棕色绣线和珠光纽扣，制作出枝条上结满果实的效果。

注意：填充鸟和贴布鸟的图样不同，缝制基本一样，但贴布鸟的四周要全部缝合，在一层布料上按图样所示剪出返口。贴布鸟里面铺一层填料，效果会更好，但量一定要少。用缎带和水晶珠装饰小鸟后，再用隐针沿四周缝到背衬上。

用水消笔徒手画出树枝，回针缝出，我用了3股绣线。缝上珠光纽扣类的小东西，让树枝结出丰收的果实。

毛绒里盖毯

在寒冷的冬天，毛绒里盖毯舒适、温暖、招人喜爱。盖毯面由方形棕色布和花布交替拼接而成，方块尺寸20 cm×20 cm，另加缝份。

盖毯面拼接到理想的大小时，与同样大小的毛绒布正面相对叠压，沿四周缝合，记住留出返口。剪去四周多余的缝份，翻到正面，缝上返口，把整个盖毯熨烫平展。在每个方块相接的角上，穿透两层别上一枚别针。

舒舒服服地坐在沙发上，在每个别针处缝上一枚珠光纽扣或类似的装饰。两层缝到一起后，去掉别针。

亲手缝制的靠垫使起居室舒适惬意，毛绒里盖毯更是暖意融融，为你驱走冬日夜晚的寒气。

靠垫

垫子简单易做，也很容易使房间面貌瞬间焕然一新。最简单的方法就像缝制枕套一样，背面两块相互叠压在一起。但要记住缝好后小片在下边，可是在缝制时小片在最上边，参见图A。

在背面缝拉链也很容易。把背面的布裁成两片，缝上拉链后，再与前片缝合在一起，参见图B。

随个人喜好，可按照第8页yo-yo和圆形饰品的说明，为垫子缝上点缀。

A

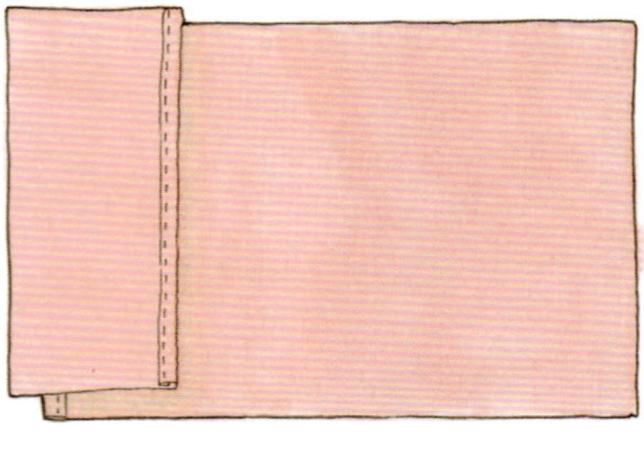

B

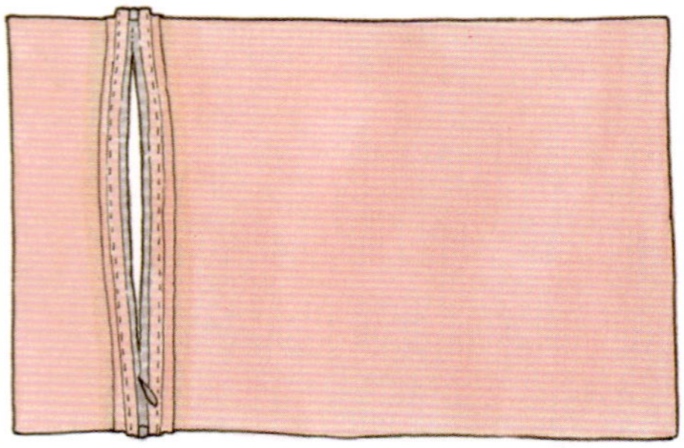

noel

剪贴画

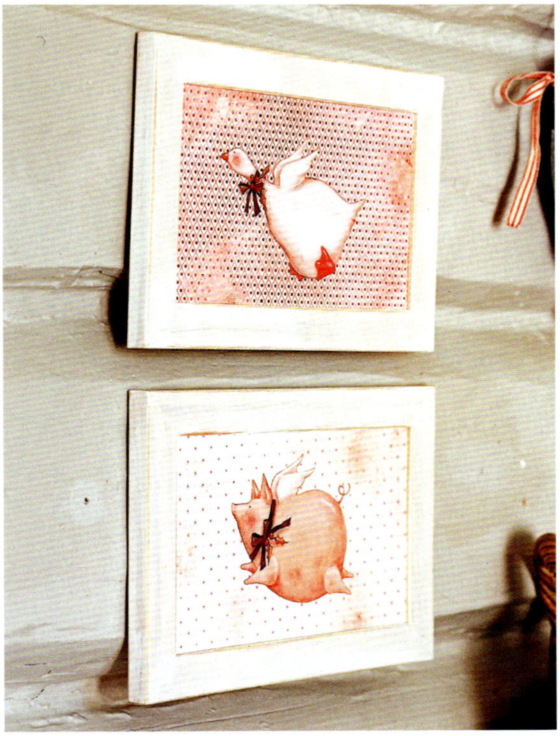

制作材料

☆ 印花纸
☆ 剪贴图
☆ 不干胶
☆ 砂纸
☆ 浅黄色或棕色印泥
☆ 中号画笔

制作方法

剪一块适合画框大小的印花纸作为背衬。如果印花纸太薄，要粘到硬纸卡上。有些部位可用砂纸摩擦一下。剪下选好的图案，粘到印花纸上。画笔蘸些印泥色扫过图画，更显得古朴典雅。如果喜欢，画框也可以涂色，并用砂纸打磨框边故意做旧，产生一些年代久远的沧桑感。最后把画镶入框中。

看似古旧的纸制挂图简单易做，但效果突出感人，为什么不为新年的到来制作几幅？

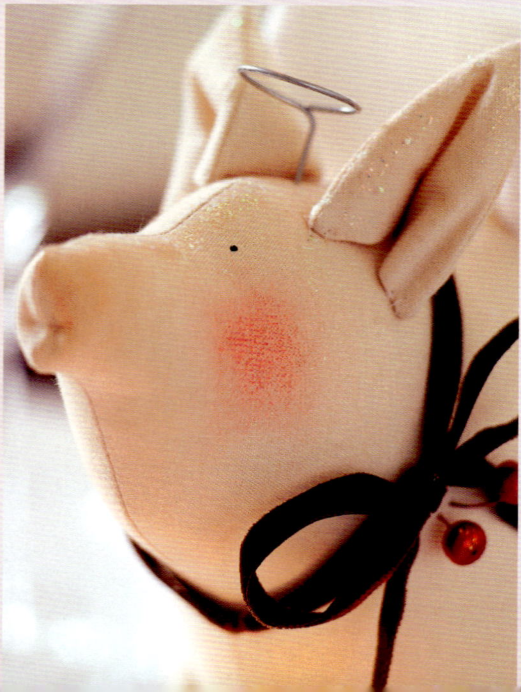

餐厅布艺

天使猪昂首向来客致意，天使鹅在餐桌上方拍打着翅膀，欲飞向高空；吊灯上的树枝岌岌可危，为节日宴增加了戏剧气氛；座位卡和菜单预示着客人的光临，以及丰盛的欢宴。

天使猪

制作材料

☆ 浅黄色布料
☆ 薄黏合衬
☆ 白色布料
☆ 填充材料
☆ 做尾巴用的金属丝
☆ 圣光环
☆ 点缀用天鹅绒带和小红果等
☆ 支撑天使猪的木棍
☆ 图样见136页和138页

制作方法

注意小猪图样有两种尺寸。大的图样分成了两部分，以便容纳在一页上，拼接在一起后和小图样是一样的。

开始前，先阅读12页“填充”部分。

剪一块两倍于猪身大小的布料，把同样尺寸的薄黏合衬熨到布料反面。黏合衬会加固布料，并使猪身看起来平展光滑。

把一块足够做4条腿和2只耳朵的布料对折，不必用黏合衬加固。把各部分图样描到布料上，沿四周缝合，注意留下图样中虚线标示的开口处，如图A所示。

剪下各部分，猪身和耳朵通过返口翻到正面，猪腿要在一层布料上按图样标示剪出返口，再翻过来。

把各部位熨烫平展，填充猪身和猪腿。

如想让小猪坐着，前腿必须加固，才能支撑身体的重量。取一截比猪腿稍短的木棍，猪腿填充好后，从返口塞进去。

缝上返口，用别针把腿连接到小猪身上，位置调准后，再把腿缝固定。要保持坐姿猪的平衡，猪腿的位置很重要。

猪耳的缝份朝里折，耳朵稍对折一下再缝上去。一枚大眼粗针从一个猪耳后开始，穿过头部从鼻子穿出，再把针穿回，稍稍拉紧，打结剪断，如图B所示。

A

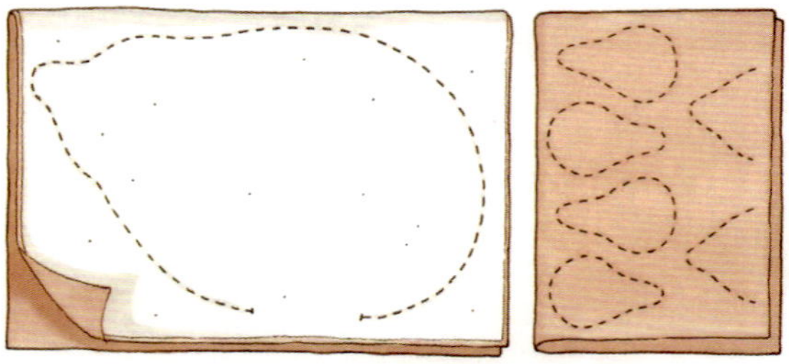

B

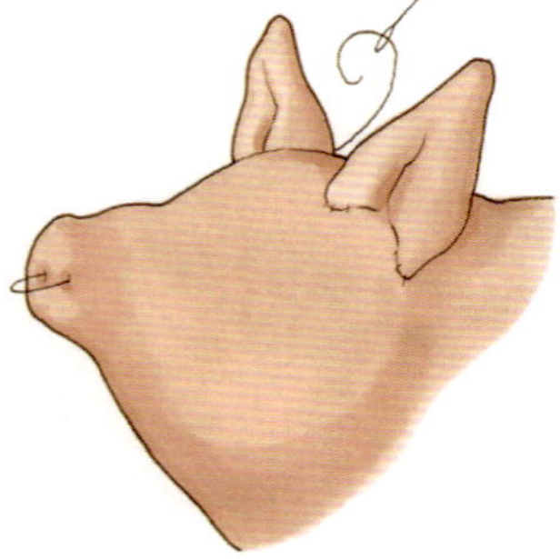

C

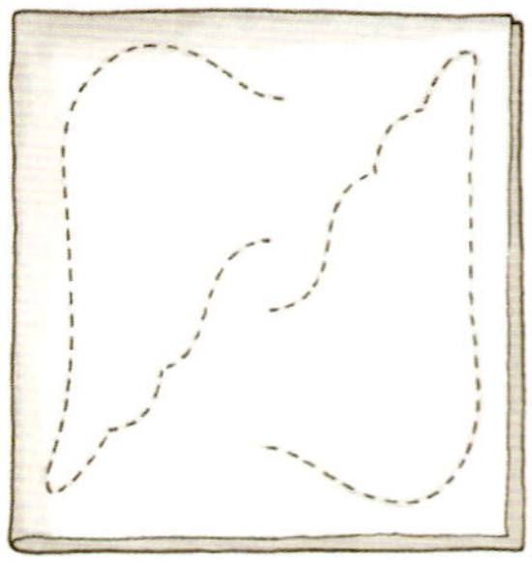

虽然小猪会有些顽皮淘气，但带翅膀的小猪，而且翅膀上又亮光闪闪，真是别出心裁。

翅膀

把两倍于翅膀大小的布料正面朝里对折，描上图样（见44页图C），沿四周缝线。

剪出翅膀，翻到正面，熨平。按图样所示，用缝纫机车出缝线。填充时用小棍把缝线之间的条条填好。返口处的缝份朝里折，把翅膀缝到小猪身上。

截一根大约10 cm长的铅丝，其中一半卷起，另一半深插入猪身，作为尾巴。用现成的圣光环，或用铅丝弯一个，插入头顶。如果喜欢，可在猪脖子上系一条天鹅绒带，点缀上两枚小红果。

可以参考11页“特别效果制作”部分，点缀些亮片，做些污色。

脸部制作细节，参见第10页。

Menue

天使鹅

制作材料

- ☆ 白色布料
- ☆ 薄黏合衬（大鹅用）
- ☆ 鹅掌布料
- ☆ 填充材料
- ☆ 红棕色工艺颜料
- ☆ 圣光环
- ☆ 用于点缀的天鹅绒带和小红果等
- ☆ 图样见139页

A

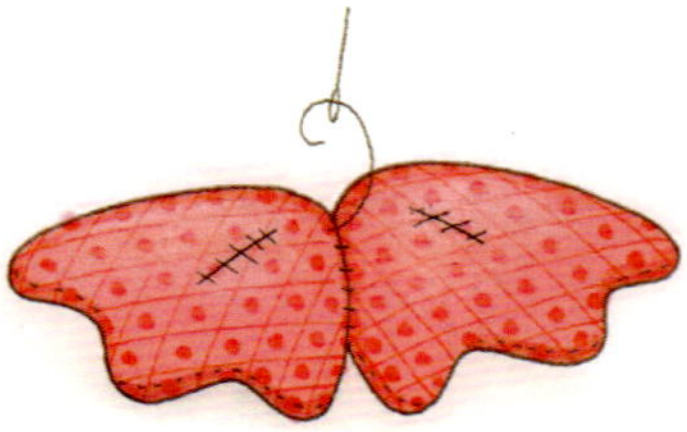

制作方法

鹅的图样有两种尺寸，大鹅的图样分成了两半，以便容纳在一页上，拼接起来和小图样一样。

开始前，先阅读12页“填充”部分。

裁一块两倍于鹅身大小的布料。缝制较大型鹅时，布料最好加固一下，把一块同样大小的薄黏合衬熨到布料反面，这样做出的鹅身形状会比较好。

布料正面朝里对折，描上图样，缝线、剪出、翻面、熨平、填充、缝上返口。

缝制好翅膀，连接到鹅身上，与46页天使猪翅膀制作方法相同。

鹅掌布料正面朝里对折，按图样描上两只鹅掌，四周缝合，剪出。按图样所示在一层布上剪出返口。鹅掌翻到正面，填充，缝上返口。

如想让鹅站立，要把两只鹅掌缝在一起，如图A所示。先用别针把鹅掌连接到鹅身上，鹅身的重量部分在鹅掌，部分在臀部。调整别针，达到最佳平衡状态，再缝上鹅掌。如果觉得这样太麻烦，可把鹅放在树枝环上，如右图所示。

圣光环牢固地插在头顶。如果喜欢，可在鹅脖子上系一条天鹅绒带，点缀两颗小红果。

鹅身上扫少许印泥颜色，并用亮片点缀，如11页所述。

用红棕色工艺颜料涂染鹅嘴，按第10页的方法制作脸部。

圣诞节晚宴及
新年晚宴上能少得
了鹅吗?

锥形糖果筒

制作材料

☆ 锥形筒面料
☆ 高密度黏合衬
☆ 里料
☆ 悬挂用丝绒带
☆ 图样见133页

制作方法

按整个图样大小，面料、里料、黏合衬各裁一块，把黏合衬熨到面料反面。

带黏合衬的面料与里料正面相对叠压，描上图样，开始只缝荷叶边，按图样剪出。在荷叶边朝里弯曲的地方剪出芽口，如图A所示。

把里料和面料分开，反面朝外，正面朝里。把边线缝上，里料上留出返口，如图B所示。

剪去多余的缝份，翻到正面，荷叶边一定要翻到位。把里料完全推进面料里，熨平。剪一截丝绒带缝到圆筒内侧，以便悬挂。

装满糖果挂起来。

A

B

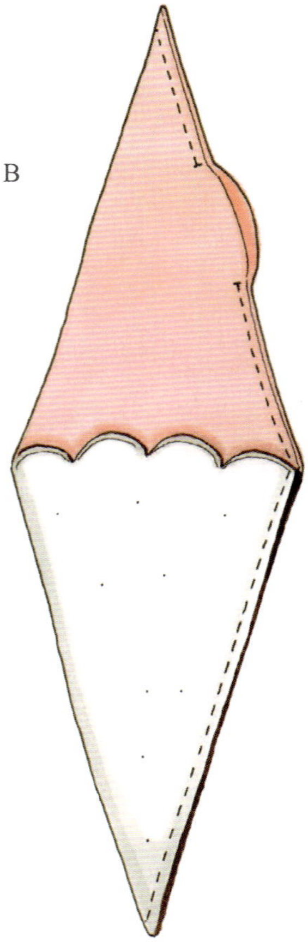

雅致的荷叶花边，精巧的布质小圆筒，悬挂起来既是漂亮的装饰品，又可装入各种诱人的糖果。

菜单和座位卡

A

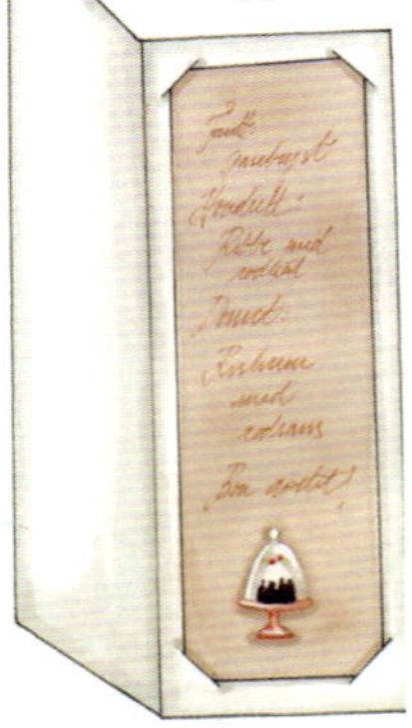

布置节日的餐桌，少不了精美的菜单和与之匹配的座位卡。菜单上的美味佳肴，会让客人们垂涎欲滴的。

菜单要用较硬的剪贴薄纸，也可把普通纸粘在硬纸卡上制作。选张合适的图片，用不干胶粘到菜单上，会产生微微凸出的立体感。菜单内用双面胶粘一条丝绒带，作为点缀。

座位卡制成标签样子，缝上丝绒带，可系到餐巾上。

如果想使用活页菜单，可用锋利的刀在菜单内面四角切出插口，或者使用相片插角，参见52页图A所示。这意味着菜单可以多次使用。

糕点桌

糕点桌上琳琅满目，各种口味的糕点应有尽有，作为节日宴的延续，既浪漫又温馨。这里有美味的小干酪饼，上面点缀着红醋栗和草莓；还有梅子馅饼、巧克力蛋糕、奶油蛋糕、花色小蛋糕和一个巨大的挪威传统的圆形杏仁饼。

糕点桌可用冬青树叶点缀，不必再用红果。也可用铁丝穿起的红醋栗或仿制的冬青浆果装饰，但切蛋糕时，不要忘记除去这些。

这里还有缝制的小松糕（如64~65页所示）、让孩子欢喜雀跃的雪饼、一串串圣诞彩灯和身着巧克力棕色装的小天使，糕点桌被打扮得绚丽多彩。

围裙

制作材料

☆ 围裙和挂襻布料

☆ 围裙带子布料

制作方法

裁一块15 cm×80 cm的布料，四边留较宽缝份。再裁一块30 cm×80 cm的布料，一个长边和两个短边留较宽缝份，另一个长边则要留宽达4 cm的缝份，作为围裙底边的折边，折边太窄底边容易卷起。

两块布缝在一起，缝份折向两边，熨平。缝份毛边折到里边隐住，按图A所示，把两条缝份缝起来。

围裙侧边的缝份折叠两次，把毛边隐在里边，缝起。围裙的底边也同样折两次，毛边隐在里边，缝起，底边的折边要达3 cm宽。

做挂襻时，剪5 cm×10 cm的布料，另加上缝份。两个长边的缝份朝里折，再对折，挂襻大约2.5 cm×10 cm。

做围裙带时，布料剪成230 cm×7 cm的长条，另加上缝份。也可以把几个短布条接到这个长度。像挂襻一样，两侧的缝份朝里折，再对折，带子成为3.5 cm宽。仔细熨平展后，两头也向里折，熨平。

围裙夹在带子两层布之间，一侧带子留90 cm，另一侧留60 cm。挂襻对折也夹在带子间，离围裙边大约5 cm。用珠针把几部分固定到一起，如图B所示。

围裙带从头至尾缝合，围裙和挂襻也都同时缝制到位。带子两头也缝合，围裙带系在前边侧面，如图C所示。

A

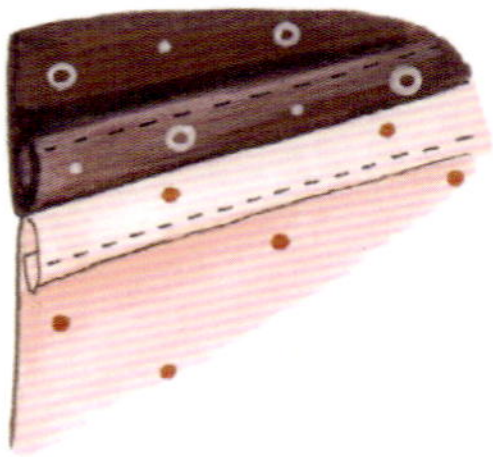

B

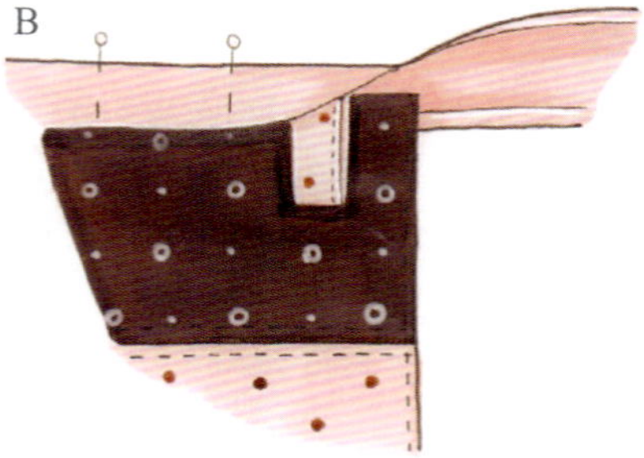

C

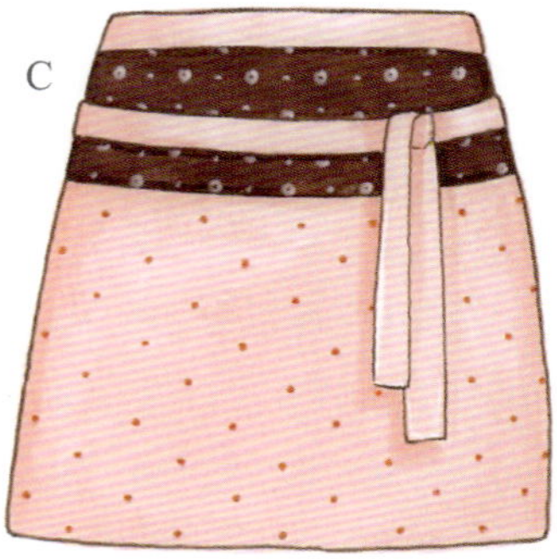

围裙如与服装色彩搭配得当，则既优雅又实用。晚间时分戴着它进进出出厨房，照看烹饪的美味；聚餐时戴着它尽显……

厨房布艺

圣诞节或新年期间，厨房是个忙碌的地方，布艺顽童们自然应该凑凑热闹帮帮忙。漂亮的布艺小松糕、托垫、清洁巾、苹果等也都聚集在这里，这里是家庭的心脏。

这里的围裙是红色调，制作方法见56~57页。

女顽童

制作材料

- ☆ 仿肤色布料
- ☆ 裙装布料
- ☆ 裤子布料
- ☆ 围裙布料
- ☆ 毛毡（不织布）
- ☆ 填充材料
- ☆ 鞋子工艺颜料
- ☆ 头绳和鞋带
- ☆ 站立架（随个人喜好）
- ☆ 图样见134页

A

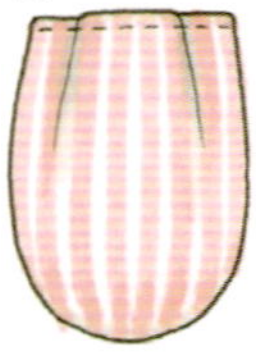

B

制作方法

顽童的制作方法与天使的制作方法（32~35页）相同，但没有翅膀，可是要增加围裙和帽子。

围裙

剪一块21 cm × 15 cm的布料，另加上缝份。缝份朝里折，机缝两个长边和一个短边。

做口袋的布正面朝里对折，画上口袋图样，沿四周缝一圈，剪出来，在一层布料上剪出返口。口袋翻到正面，熨平，袋口打两个褶，沿袋口缝一条线，把褶子固定，如图A所示。

口袋的位置离围裙底边5 cm，离左侧边1 cm，按图B所示缝上口袋。围裙打些褶子缝到裙装上。

帽子

毛毡布对折，描上帽子图样，按63页图C所示缝上。剪下时注意：图样中帽口有两条虚线，下边的虚线是后部边线，上边弧形虚线是前部边线。

帽子翻到正面，如63页图D所示。按第10页的说明制作头发。戴帽子时，把后边和两侧向下拉，戴好后缝固定。

按第10页的说明用工艺颜料涂染出鞋子。顽童的鞋比天使的鞋位置高一些，涂至图样中上边那条虚线处。带子系在鞋上，打个蝴蝶结。

男顽童

制作材料

☆ 仿肤色布料
☆ 裤子布料
☆ 上衣毛毡布（不织布）
☆ 帽子毛毡布（不织布）
☆ 填充材料
☆ 鞋子颜料
☆ 鞋带
☆ 点缀布料
☆ 站立架（随个人喜好）
☆ 图样见136~137页

制作方法

按32~35页天使的制作方法，缝制身体、手臂和裤子。

上衣

注意上衣图样标着折线，要放大一倍。上衣用两片同样大小的毛毡布缝制，像一件带领子的长套头衫。把两倍于衣服大小的毛毡布对折，描上图样，沿着线缝上。剪出衣服，注意开口处在图样中用虚线标出，沿线剪即可。剪出领子，不必加缝份。

顽童上衣可粘贴上或缝上缎带做点缀，也可用yo-yo点缀，参见顽童图片和第8页yo-yo的制作方法。

按图样剪出口袋，缝在衣服的左侧，离衣服底边大约4 cm。

上衣穿到身上，按图E所示，把领子沿领圈缝上，再折下来成双层。粘上水晶珠做上衣纽扣。如果喜欢，可在衣服口袋里插一小截甘蔗。按第10页的说明制作头发，帽子制作见60页，脸部制作参照第10页。

C

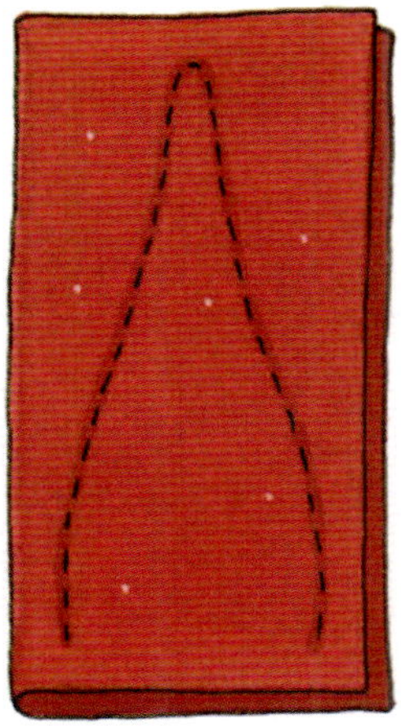

D

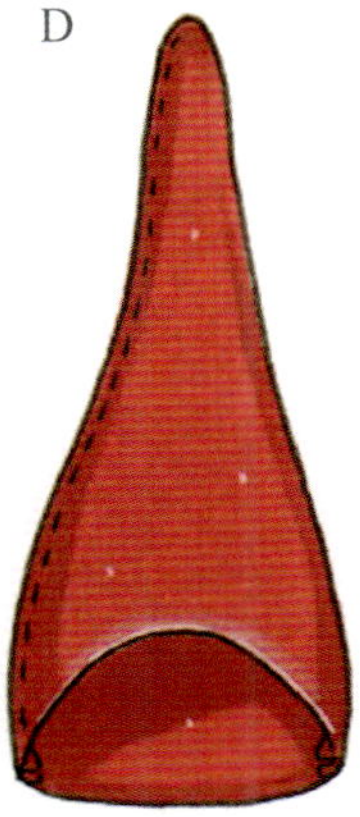

E

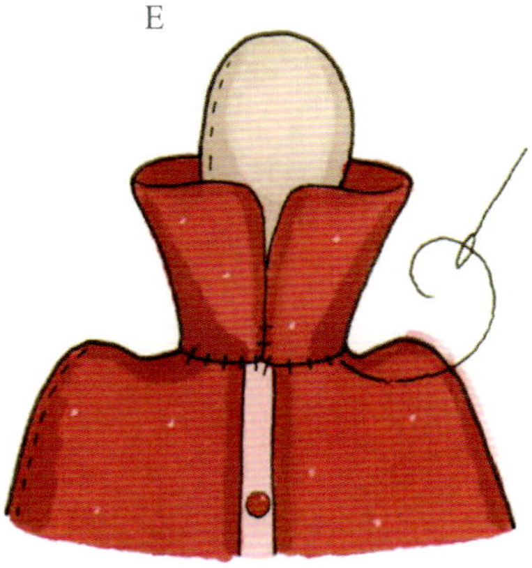

松糕

制作材料

☆ 底部和下半部布料
☆ 薄黏合衬
☆ 上半部布料
☆ 颗粒塑料或类似材料
☆ 填充材料
☆ 小红果
☆ 图样见140页

制作方法

注意松糕图样有两种尺寸。

把黏合衬熨到底部和下半部布料的反面。

上半部布料与下半部布料正面相对叠压，缝出荷叶边，如图A所示。剪出图形，记住在荷叶边的每个凹陷处剪出芽口。

剪出小圆底部，记住要留缝份。由于松糕连接底部的边是弯曲的，所以要剪出一圈芽口，才能与底部很好地吻合，如图B所示。

缝上底部，并把侧边缝上，如图C所示。

松糕翻到正面，荷叶边一定要翻到位。把上半部推进下半部里，把荷叶边熨平。沿着松糕边缘缝一条线，如图D所示。

把上半部再拉出来，开始填充。先填些颗粒塑料，增加底部的重量，使松糕能够站立，再填纤维填料。上半部开口处的缝份朝里折，沿边缝一圈，缩拢，缝合松糕，如图E所示。顶部用两颗小红果点缀。

A

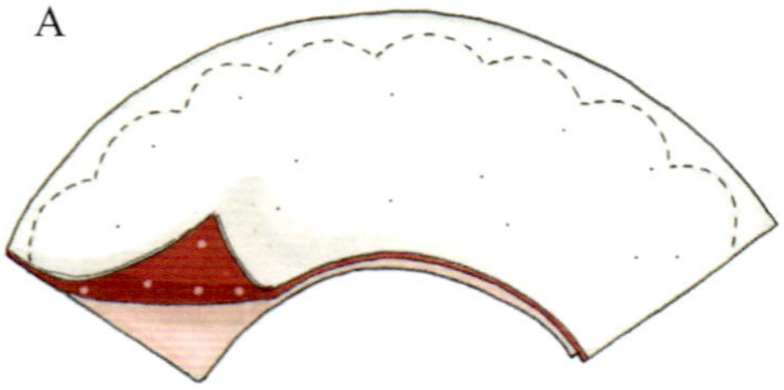

C

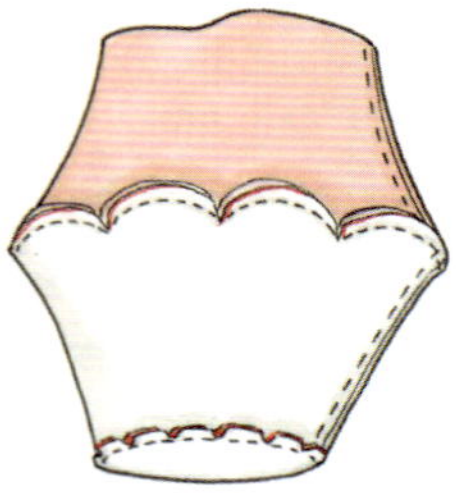

B

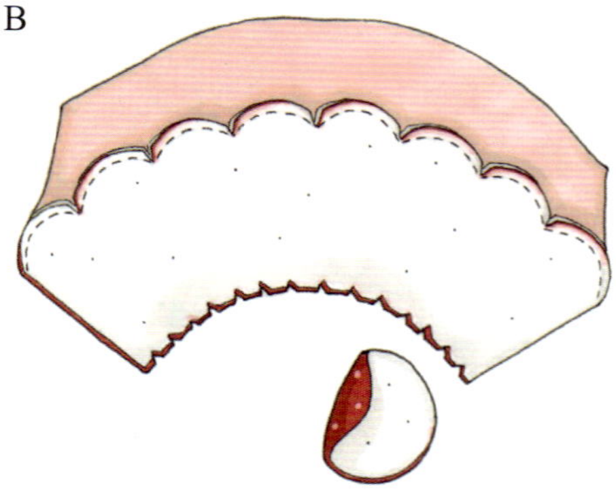

D

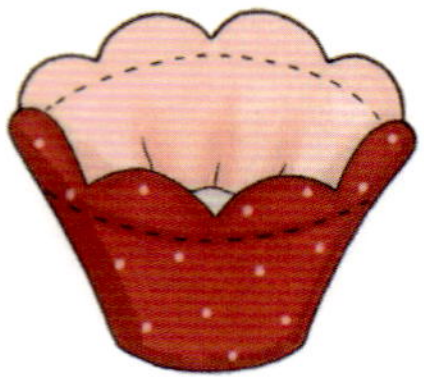

E

松糕小巧精致，配以雪白的“奶油”，真是新颖悦目，诱人食欲。

松糕贴布

制作材料

- ☆ 下半部布料
- ☆ 上半部布料
- ☆ 绣线
- ☆ 浅黄色或棕色印泥（随个人喜好）
- ☆ 图样见141页

制作方法

上半部布料正面朝里对折，描上图样，缝一圈，剪出，荷叶边弯曲处的缝份上要剪出芽口。在一层布料上剪出返口，仔细翻到正面，熨平。

下半部布料正面朝里对折，描上图样，缝出。顶部留开口，翻到正面。缝出的两部分如图A 所示。

把两部分都缝到背衬上，上半部刚好盖住下半部的开口，如图B所示。

在荷叶边上面扫出些颜色，作暗影，参见11页“特别效果制作”的说明。按图样画上小红果和冬青叶，用全股绣线绣出，如图C所示。

也可用红色的水晶珠作为小红果。

A

B

C

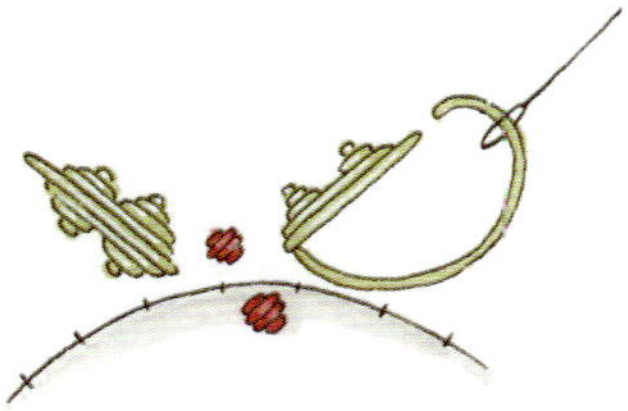

松糕壁挂

制作材料

☆ 壁挂中间部分布料
☆ 壁挂框布料
☆ 壁挂边布料
☆ 高密度黏合衬
☆ 壁挂背面布料
☆ 松糕布料
☆ 绿色绣线
☆ 水晶珠

制作方法

松糕壁挂的制作方法与80~83页半身天使壁挂的制作方法相同，只是大小不同。

所有的尺寸都要另加缝份。壁挂中间部分是15 cm × 35 cm，先在其上下各缝上35 cm × 3 cm的长条，再在两侧也缝上21 cm × 3 cm的长条。参照81页上的说明，熨上高密度黏合衬，缝上背面和壁挂边。按66页上的说明缝上松糕，绣上冬青叶。按81页的说明绗缝中间部分和每个松糕周围，整个壁挂熨平展后，再粘上水晶珠。

christmas

托垫

制作材料

☆ 托垫布料
☆ 高密度黏合衬
☆ 松糕布料
☆ 树叶和小红果绣线
☆ 图样见141页

制作方法

托垫尺寸比较随意，关键要看选择的图案。小托垫直径一般为15 cm，大托垫直径可达30 cm，可用盘子或蛋糕托盘做样板。

裁一块两倍于托垫尺寸的布料，加上较宽缝份。确定布料中心，用水消笔画出要绣缝的文字图样，参见第10页的说明。

用双股绣线回针法把字母缝出。

布料正面朝里对折，开口一侧缝合，在中间留出返口，如图A所示。

布料重新折，让缝线在中间朝上。把一块同样大小的高密度黏合衬放在下面，熨到面料的反面。确定图案的中心位置，画上圆圈，沿一圈缝好，见图B。

剪下圆圈，翻到正面，缝上返口。按66页的说明缝制松糕，缝到一圈字母中间，绣一些叶子和小红果作为松糕点缀。

沿着字母和松糕绗缝一圈，大托垫要沿着边绗缝一圈，参见68页。

A

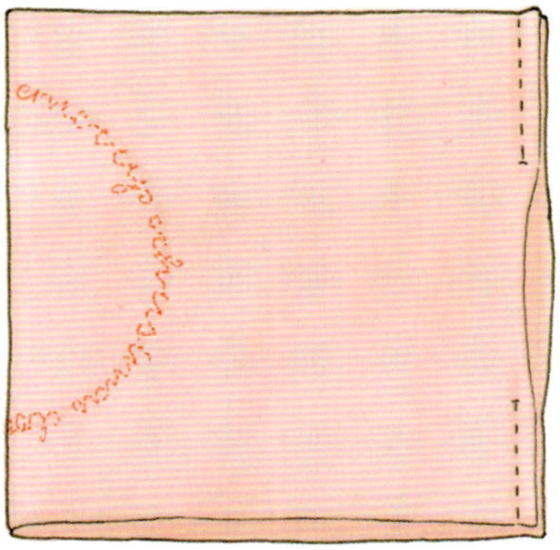

B

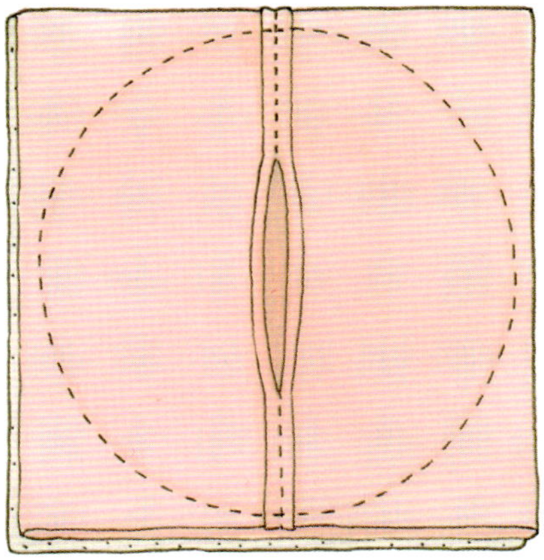

清洁巾

清洁巾易于制作，也是不错的节日馈赠礼品。要选用织纹较粗的布料，易于擦手、擦碗碟等。别忘了钉穿绳的气眼。

先在布料一角缝上一个小方块，然后布料四边朝里折，要折两次把毛边压在里边，缝好。最后穿绳气眼钉在加固的方块上，便于悬挂。

心形饰

心形饰可用不织布制作，也可用其他材料制作，上面的点缀用yo-yo、纽扣、不织布圆片和饰珠等，参见第8页的说明。

150页心形饰图样有4种尺寸，开始前，先阅读12页“填充”部分的说明。

串串苹果迎新年……

苹果

材料

- ☆ 苹果布料
- ☆ 绣线
- ☆ 尖头木条
- ☆ 深棕色工艺颜料
- ☆ 填充材料
- ☆ 图样见140页

制作方法

布料正面朝里对折，画上图样，缝出。开口处要留较宽缝份，图样中用“额外缝份”标出，参见图A。

剪出苹果图形，翻到正面，熨平。把缝份朝里折，熨平。

用大针和绣线沿开口缝一圈，塞入填料，要填实，让苹果能够站立。缩拢开口，大针穿过苹果底部，再缝回来，如图B所示。把线拉紧，苹果底部和顶部都呈凹陷状。

剪大约5 cm长的细木条，用铅笔刀把一头削尖，涂染成深棕色，颜料干后，转动着插入苹果顶部，只露出大约2 cm，如上图所示。

A

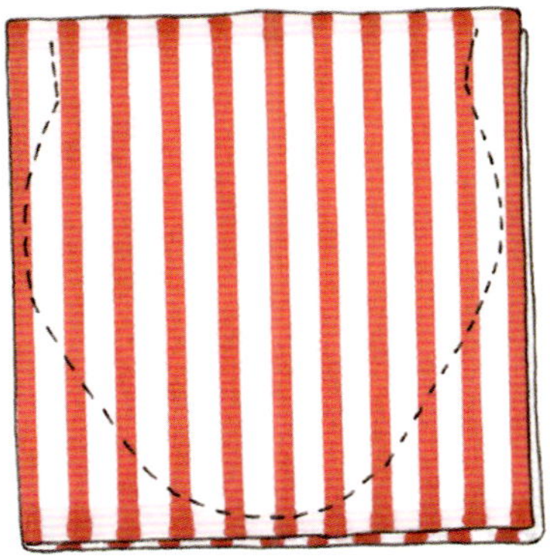

B

成人卧室布艺

这里，半身天使让卧室显得无比宁静温馨；毛线披风和双层绒拖鞋使冬日的夜晚暖意融融；这里还有可以送给女友的漂亮礼物：化妆包，指环和饰针……

半身天使

制作材料

- ☆ 仿肤色布料
- ☆ 衣服布料
- ☆ 翅膀布料
- ☆ 填充材料
- ☆ 薄黏合衬(必要时用)
- ☆ 做项链的缎带和水晶珠
- ☆ 圣光环
- ☆ 站立架(选用)
- ☆ 图样见141~142页

A

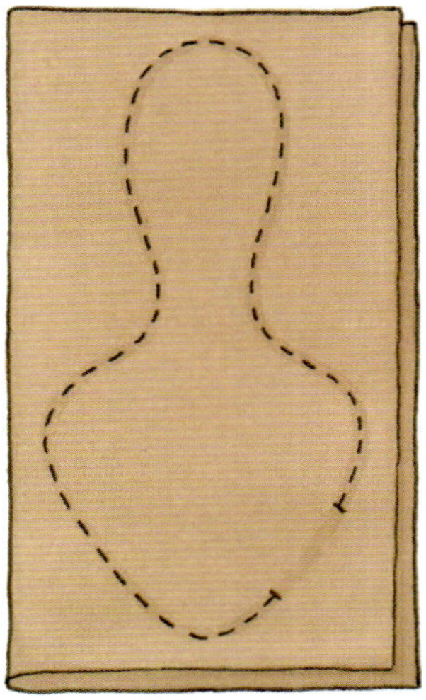

B

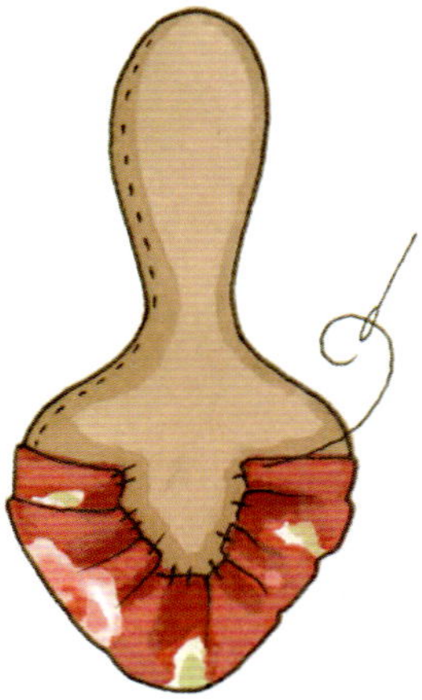

制作方法

这里的天使翅膀与32~35页的翅膀稍有不同，但制作步骤完全一样。

布料正面朝里对折，描上半身天使图样，缝出，如图A所示，记住留缝份和返口。

填充后缝上返口。剪一块大约10 cm×7 cm布料，两侧各打2个小褶，围在天使身上。其余部分折到身后，先用珠针固定，再缝到位，如图B所示。

按第10页的说明制作头发和脸部。用现成的圣光环或用铅丝自己制作，深插入头顶。戴上缎带和水晶珠做项链。把半身天使牢固地缝到翅膀上。截适当长度的木棒,转动着插入翅膀和身体,要有一定深度才能保持稳定。

半身天使贴布

制作材料

☆ 仿肤色布料
☆ 衣服布料
☆ 翅膀布料
☆ 棕色工艺颜料
☆ 浅黄色或棕色印泥（随个人喜好）
☆ 少量填充材料
☆ 绣线
☆ 装饰用缎带和水晶珠
☆ 图样见142页

制作方法

制作翅膀、身体和衣服的布料都正面朝里对折，描上图样，按图A所示缝出。剪出各部分，朝里弯曲的地方缝份上要剪出芽口。翻到正面，衣服要在一层布料上剪出返口，再翻到正面，全部熨平。

头发用深棕色工艺颜料或布染颜料涂染。身体内塞入少量填充材料。围绕脖子系一条带子作项链。

如果喜欢，可在翅膀上轻扫些印泥色，产生暗影效果，参见11页的说明。

把翅膀、身体、衣服用珠针固定到背衬布料上，衣服上侧应打个褶，如图B所示。调整好各部分位置，满意后把它们缝到位。

按图样中虚线所示，翅膀上用棕色线缝出装饰线。辫子用棕色绣线缝在头两侧。圣光环也用棕色线缝出。按第10页的说明制作脸部。粘上水晶珠作点缀，虽然水晶珠用专用胶粘得很牢，天使也不能放入洗衣机洗涤。

A

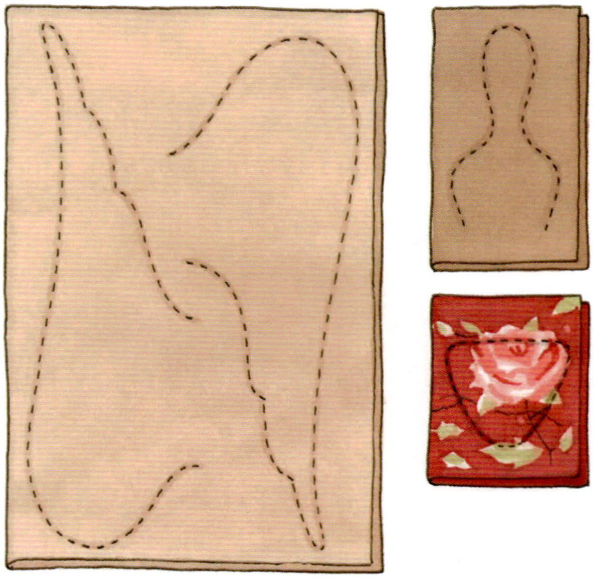

B

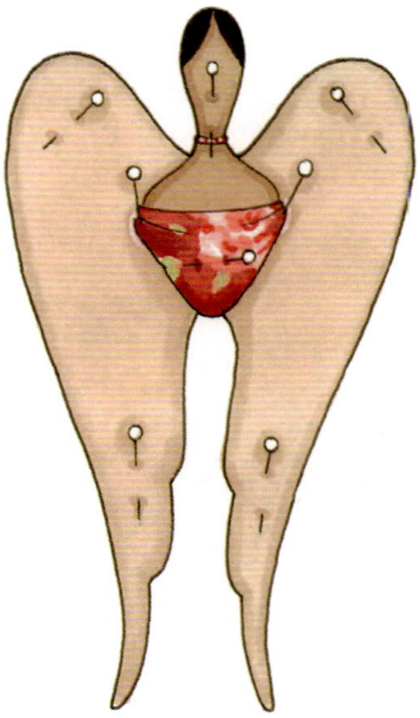

瞧，半身天使也出现在靠垫上……

wish you
a
wonderful
christmas

半身天使壁挂

制作材料

- ☆ 壁挂中间部位布料
- ☆ 壁挂框布料
- ☆ 壁挂边布料
- ☆ yo-yo布料
- ☆ 高密度黏合衬
- ☆ 纽扣
- ☆ 水晶珠
- ☆ 绣线
- ☆ 半身天使材料（见77页说明）
- ☆ 图样见142页

制作方法

所有尺寸都要另加缝份。壁挂中间部分是15 cm×38 cm，两个长边各缝上38 cm×4 cm的长条，两个短边各缝上23 cm×4 cm的长条，参见82页图A。

按77页的说明缝出半身天使各部分。先用珠针固定到壁挂面料上，这样较容易确定文字和圣光环的位置。按第10页的说明描上文字和圣光环，去掉天使，用双股绣线回针缝出文字，圣光环用棕色线缝出。

把高密度黏合衬熨到壁挂面料反面，剪同样大小的布料作为壁挂背面，垫在下面，用之字形针法沿着边把几层缝到一起。

壁挂边

剪3 cm宽的布条，把它们拼接在一起，足够壁挂的周长。从一个角开始，布条与壁挂正面相对，在离边6 mm处开始缝，如82页图B所示。

缝到另一个角时，在离边6 mm处停针，如82页图C所示。按82页图D所示把边折起，再继续缝。

一圈缝完后，布条折到背面缝固定，如82页图E所示。

绗缝

图A的中间部分和天使周围要绗缝。绗缝时，针要穿透，在背面也能看到针脚。正面针脚不要太长，大约1 mm，背面为5~7 mm。绗缝时，线要拉紧，布面上会出现许多小凹点。按第8页的说明缝yo-yo，圆布直径6~10 cm即可，另加缝份。垫块布把壁挂仔细熨平展，最后缝上yo-yo、纽扣和水晶珠。

A

B

C

D

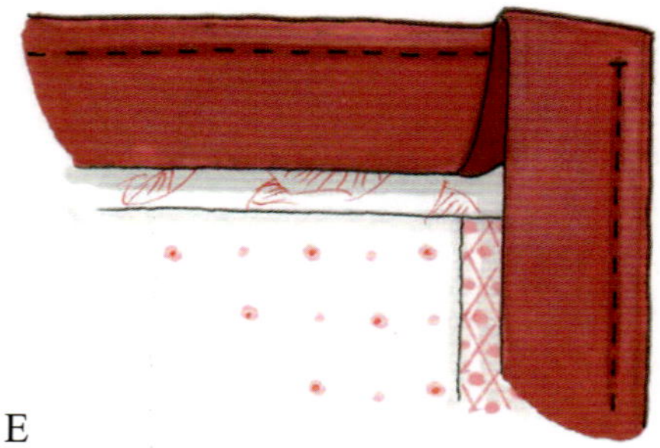

E

wish you
a

绒布披风

制作材料

☆ 毛绒布（厚不织布）
☆ 披风边布料
☆ 装饰布料

制作方法

把毛绒布剪成两个80 cm × 80 cm的方形，另加缝份，把两块毛绒布正面相对叠压。

一个角上画一个22 cm × 22 cm的正方形，以便确定披风颈部和肩膀的位置。在离边5 cm处的线上标出两个点，两点之间用曲线连接，为颈部位置。两点向外各画一条弧线，标出肩膀位置，如86页图A所示。

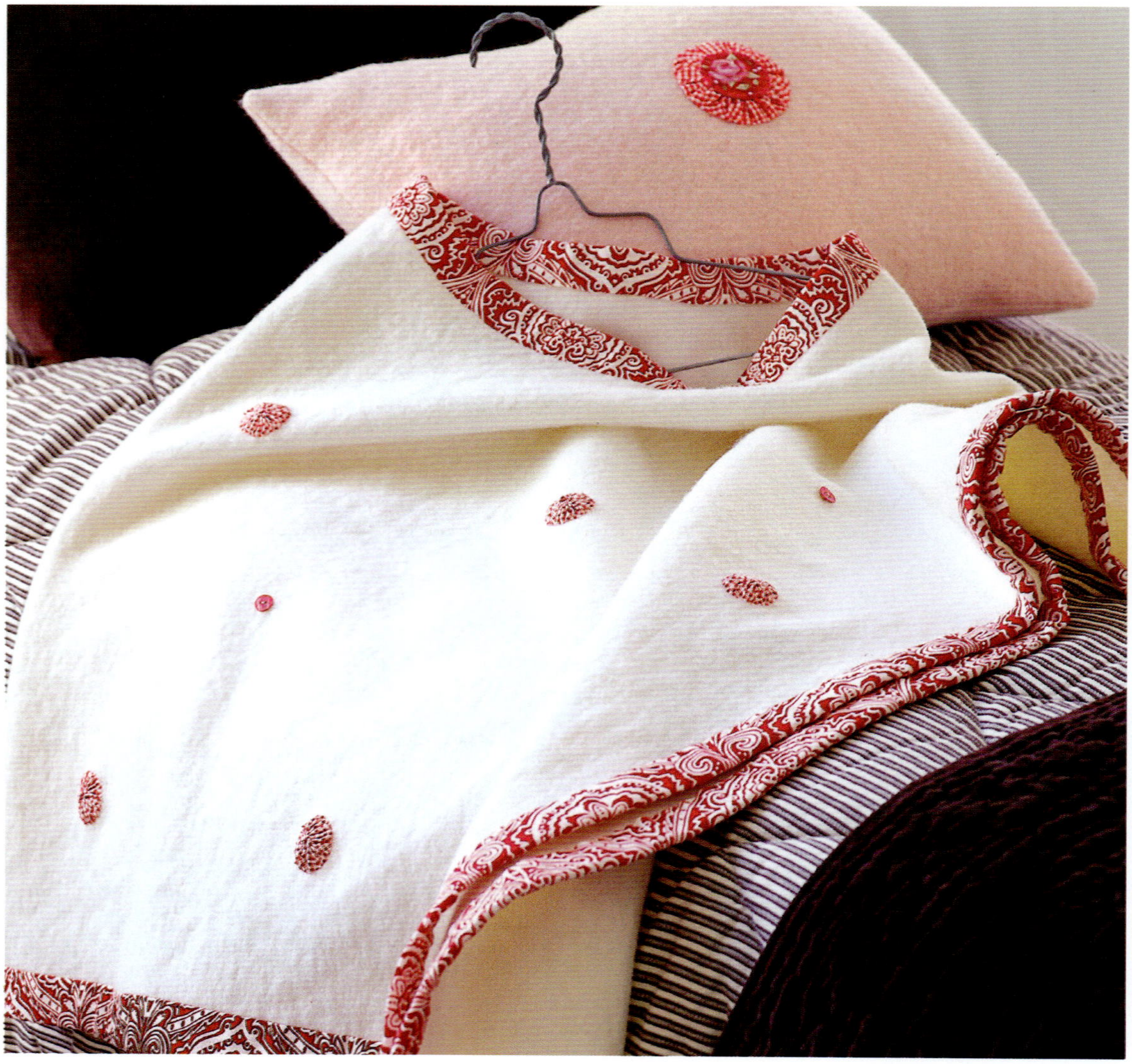

毛绒布披风宽松舒适，兼具盖毯与披肩的功能，在寒气袭人的冬日，为你驱寒保暖。

沿肩膀弧线向下缝，把两边缝上。沿弧线剪去弧线外部分和领口，如图B所示。

剪7.5 cm宽的布条，不必另加缝份，把它们拼接成两条，每条是披风底边长度的一半。布条与披风正面相对，从披风一个角2.5 cm处开始把布条缝上，缝线离边大约3 cm，如图C所示。

缝到离另一个角2.5 cm处停针，剪去多余的布条。布条折过披风边在反面缝上。另一布条缝线离边大约2.5 cm，但布条头要超出披风角边，从头开始缝，如图D所示，一直缝到另一头。先把两头缝份折好，再把全部布条折过披风边在反面缝上。颈部用同样方式镶边，但只用一根布条。

儿童披风尺寸是60 cm × 60 cm，另加缝份。小正方形尺寸17 cm × 17 cm，确定颈部的点离边4 cm。镶边的方法和尺寸与成人披风相同。

披风的点缀可采用8页说明的yo-yo或37页显示的小鸟图案。

A

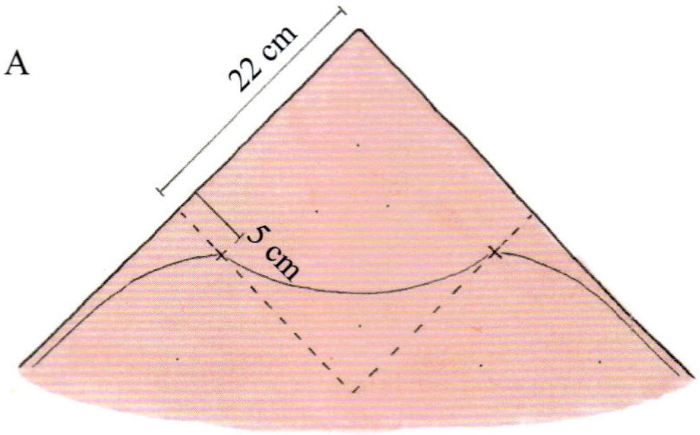

B

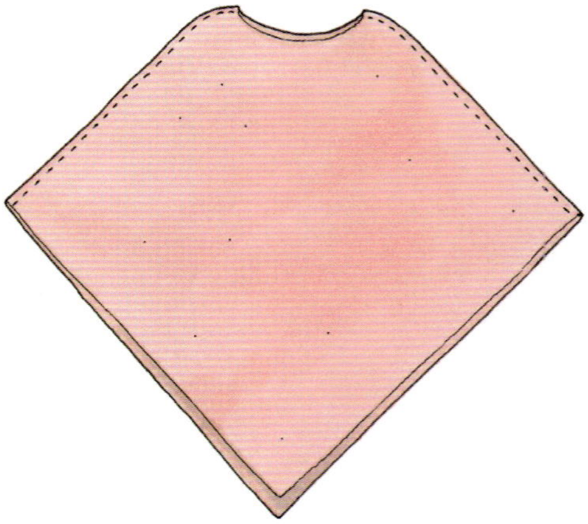

C

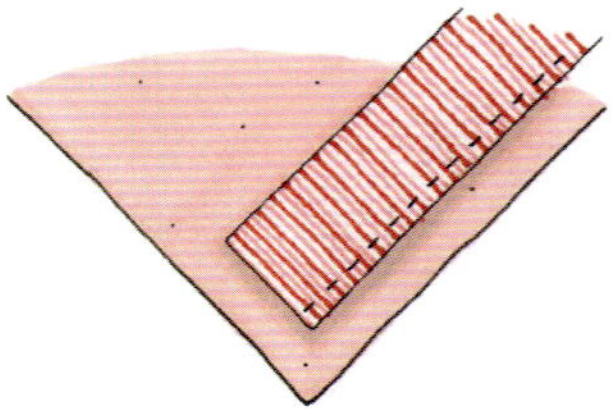

D

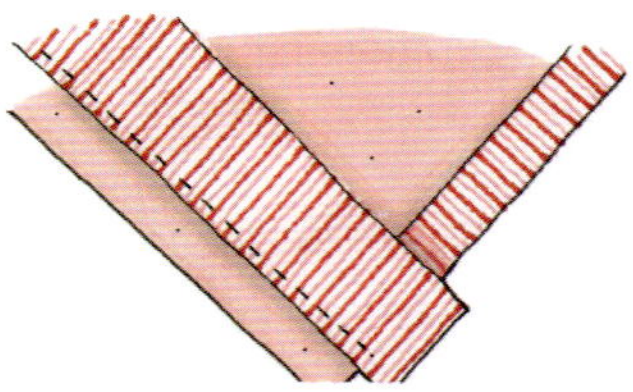

瞧，小鸟图案的儿童披风！

拖鞋

制作材料

☆ 毛毡布（厚不织布）

☆ 装饰布料

☆ 图样见143页

制作方法

图样有两种尺寸，儿童尺寸适合30~40码的脚，大号女士尺寸适合38~43码的脚。如果需要其他不同尺寸，图样可用复印机放大或缩小。

拖鞋要制成双层的。图样中有折线，要放大一倍，但不必分左右脚。

每只拖鞋按完整图样剪两块毛毡布，毛毡布正面相对，按图A所示，把拖鞋的上边和下边分别缝合。

两层毛毡布重新折，缝线折到中间。

确定其中一层作为里料，别上珠针以示区别。缝线时稍向里料移一些，大约在图样上虚线标出的位置。里面做得稍小些，才会服帖，边也不易向上翻。

鞋前面和鞋后面分别缝合，在后面里料上留出返口，如图B所示。

按图C所示，把后跟和前端分别缝合。

剪去多余的缝份，翻到正面。里料推进去，使里外整齐服帖。

熨烫时垫一块湿巾，毛毡布缩拢，缝线不会很明显。

绒拖鞋的点缀可用第8页说明的圆形饰品，或在鞋口打孔，穿上缎带，在鞋面上系出蝴蝶结。

A

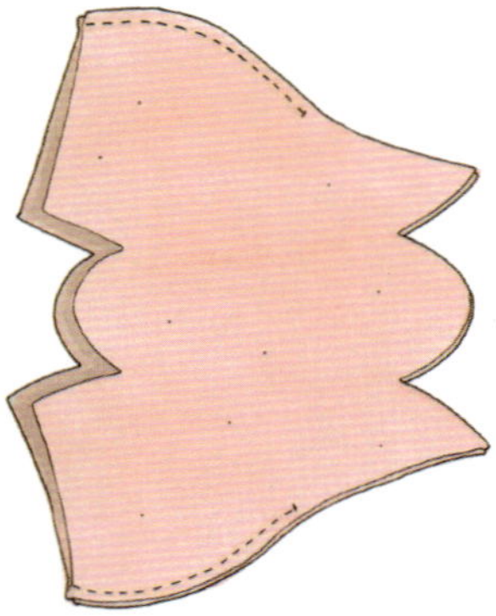

B

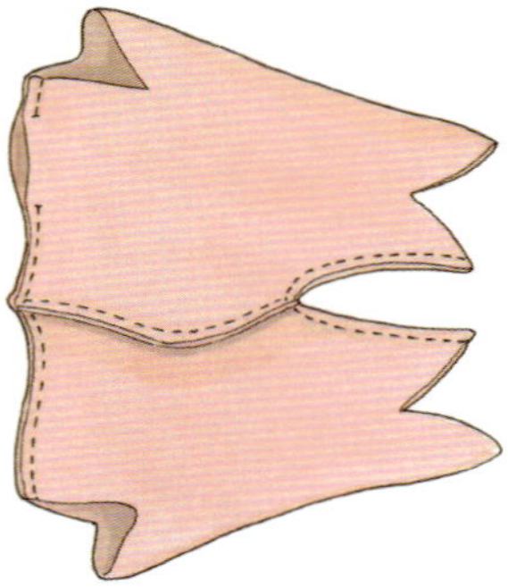

C

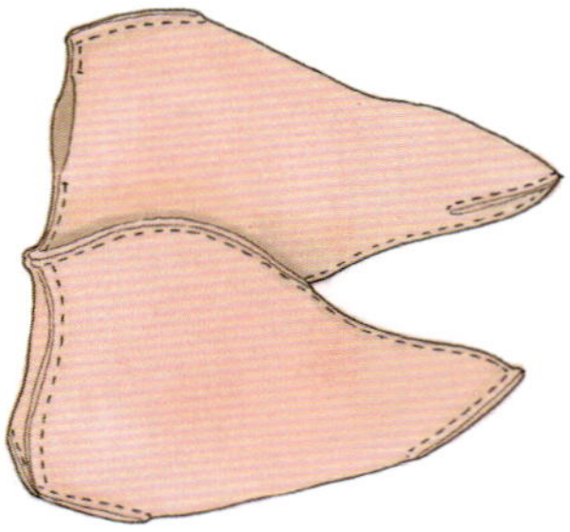

大大小小的毛绒绒的拖鞋在冬日里显得格外舒适、温暖、漂亮!

小手包

作为礼物送给女友，既漂亮又实用。

制作材料

☆ 面料
☆ 里料
☆ 高密度黏合衬
☆ 纽扣或按扣
☆ 图样见143页

制作方法

图样有两种尺寸，小号的可用来装零钱，大号的装化妆品更理想。

按照图样分别剪出包括包盖部分的面料、里料和高密度黏合衬。

不包括包盖部分的面料、里料和高密度黏合衬剪至图样虚线处即可，但要另加较宽缝份。

高密度黏合衬熨到面料反面，然后与相应的里料正面相对叠压。带包盖的部分沿弧线缝合，不带包盖的部分把顶部缝合，如图A所示。

面料与里料分开，两个部分的面料与面料正面相对，里料与里料正面相对。

按图B所示沿着边缝合，在里料的底部留返口。

A

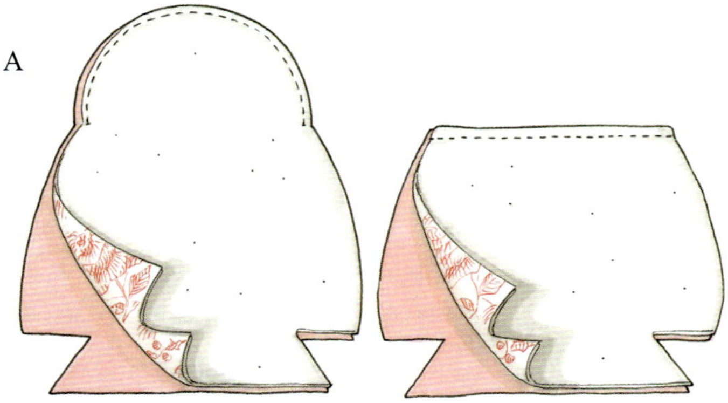

B

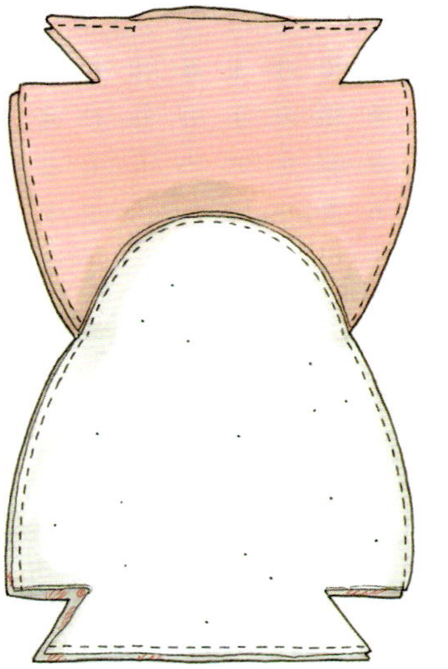

C

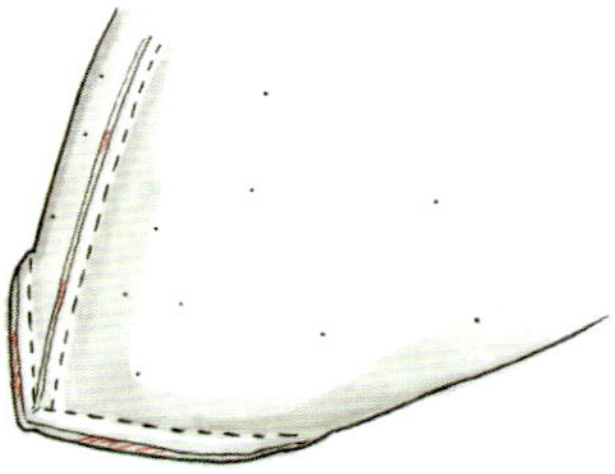

缝合角部，缝线与包底是平行的，参见图C。

剪去多余的缝份，翻到正面，熨烫平展。

手包可用按扣，上片钉在包盖上，下片钉在手包前片上。也可以锁扣眼缝纽扣。

指环和饰针

指环和饰针可用yo-yo制作。工艺品店可买到带孔的指环和饰针，缝上第8页说明的小yo-yo，会更加漂亮、更具特色。

noel
noel
noel

贺卡架

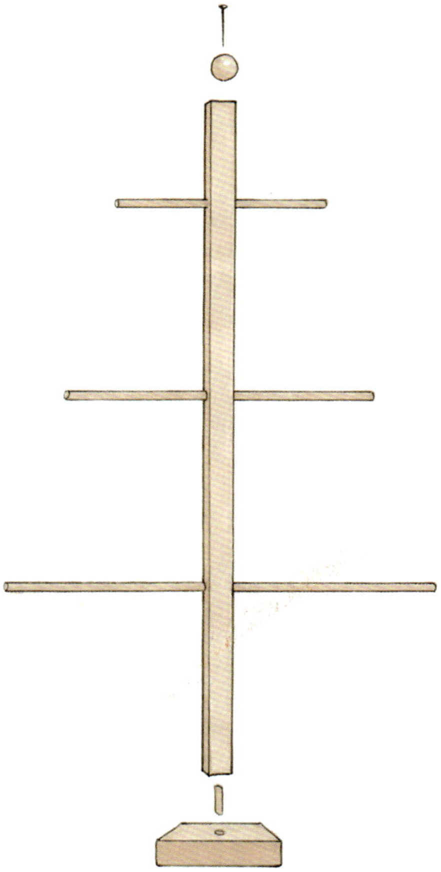

制作材料

☆ 底座，大约10 cm × 10 cm × 2.5 cm

☆ 中柱，大约2 cm × 2 cm × 55 cm

☆ 木条，直径6 mm

☆ 木球，直径2.5 cm

☆ 钉子

☆ 木胶

☆ 白色漆

☆ 6 mm木钻

☆ 锤子

制作方法

底座用木块制作，中柱可从木材店直接购买。在底座中心和中柱下端中心各钻一个6 mm的孔，用一截木条和木胶把中柱固定到底座上。

从中柱下端向上量，以间隔15 cm的距离打3个孔，中柱上端还留大约9 cm。

剪3截木条，分别长35 cm、25 cm、17 cm，穿入中柱的3个孔中，如果有必要，用木胶粘牢。木球钉在顶部，如上图所示。卡架漆成自己喜欢的颜色，贺卡可用5 cm长的衣服夹卡在卡架上。

如想做更大的贺卡架，可把各部分尺寸放大。

尽情地展示你的圣诞及新年贺卡吧！

女孩房间布艺

这个小女孩是个小天使，有一对格子的天使翅膀和一张4柱床。房间的圣诞树上，挂着小衣服、小毛衫；这里还有圣诞袜和布满插袋的圣诞月日历，里面装满了礼物。期待中的圣诞节怎么迟迟不来？

包头娃娃

制作材料

☆ 包头巾和身体布料
☆ 脸部布料
☆ 填充材料
☆ 贴纸
☆ 头发颜料
☆ 亚克力珠
☆ 装饰用缎带和水晶珠（随个人喜好）
☆ 图样见149页

制作方法

图样有3种尺寸，最小的适于挂在圣诞树上。如想要站立的娃娃，最好用亚克力珠填充在底部以增加底部的重量。

包头巾布料和身体布料缝在一起，缝好的布料对折，描上娃娃图样。布料的接缝大致在图样中虚线位置。

注意：除了返口之外，底部的两个角也是开口的。按图A所示，缝合其余部分。

剪出图形。折叠缝合底部的角，缝线相互是平行的，如图B所示。

翻到正面，熨烫平展，填充。站立娃娃应先填纤维棉，再填底部的亚克力珠。

如果想给娃娃系条缎带，应考虑到娃娃的倾斜度。缎带的正面朝里围上，一定要足够长，两头可以叠压。缎带两边横着各缝一条线，与娃娃两侧缝线平行，见图C。缎带翻过来，正面朝外固定上。

贴纸熨到一小块布料上制作娃娃脸部，把底纸撕去，剪出脸部。按图样所示涂染头发，参见第10页的“细部涂染”部分的说明。把脸部熨到娃娃上，按第10页的说明制作眼睛，扫出红润的脸颊。

A

B
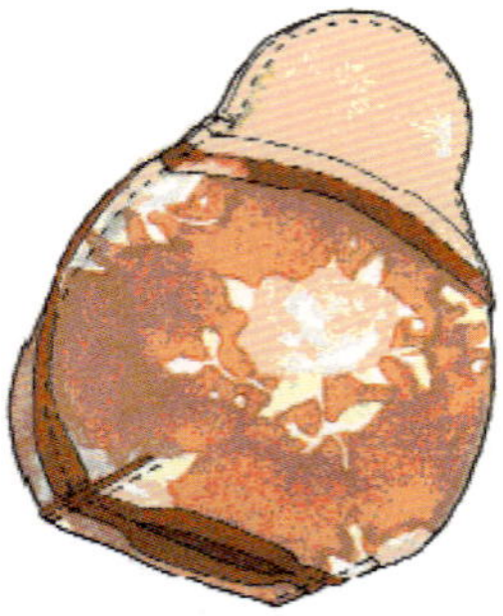

C

五彩缤纷的包头娃娃！

圣诞长筒袜

双层袜

袜子面料和里料各剪一块，两倍于袜样大小。

把两块布拼接在一起，正面朝里对折。紧贴折线画上袜子图样，缝合，在里料上留返口，如下图所示。

剪出袜形，翻到正面，把袜里推入袜子，熨平展。

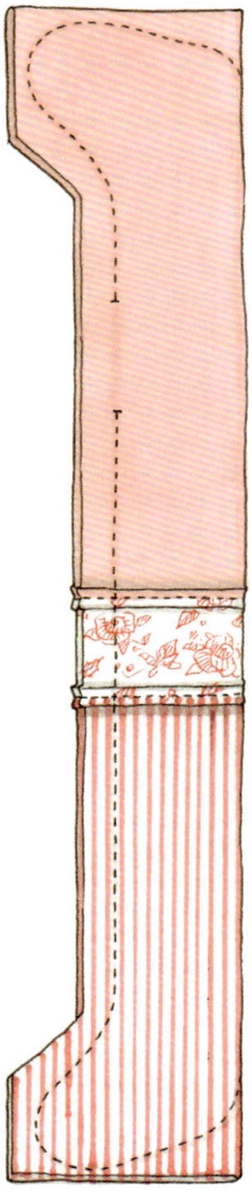

单层袜

随个人喜好，开始前可用黏合衬加固加硬布料。

面料正面朝里对折，紧贴折线画上图样，缝合。袜口缝份要留宽些。

剪出袜型，翻到正面，熨平展。袜口边要折两次，把毛边压在里边缝合。

绒布袜的边只需折一次，缝在里边，针脚不要透到外边。缝上挂袢，或用缎带悬挂。可随个人喜好，用yo-yo装饰，参见第8页的说明。

图样见144页。

插袋式圣诞月日历

制作材料

☆ 前片和插袋布料
☆ 背面衬布
☆ 高密度黏合衬
☆ 10.5 mm穿绳气眼
☆ 两根木条，大约70 cm × 2 cm

制作方法

前片布料、高密度黏合衬、背面衬布各剪一块，尺寸103 cm × 72 cm，另加缝份。把高密度黏合衬熨到前片反面。

剪4条72 cm × 16 cm布料做插袋，另加缝份，上端的长边要加额外缝份。

A

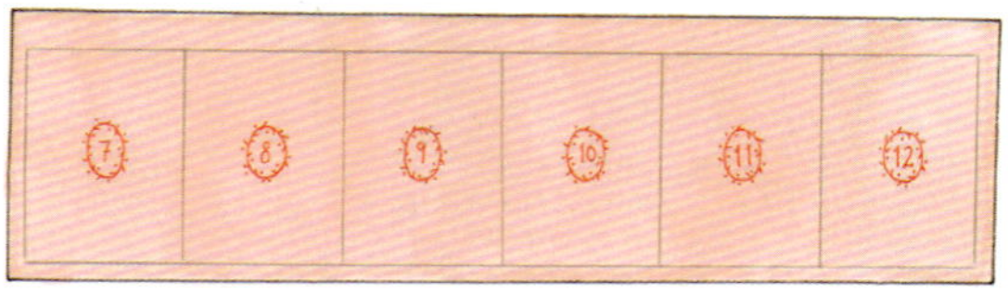

B

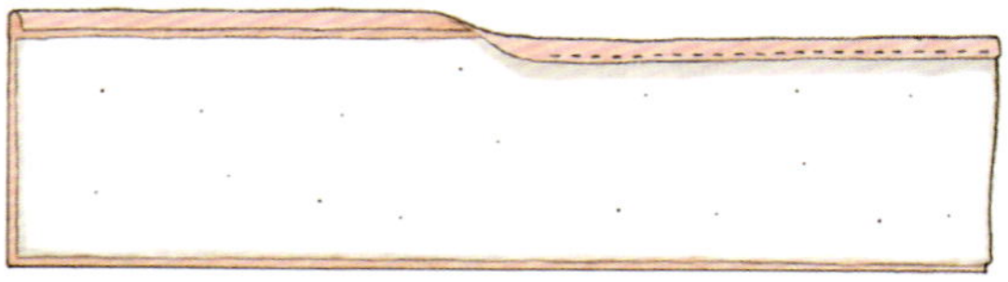

C

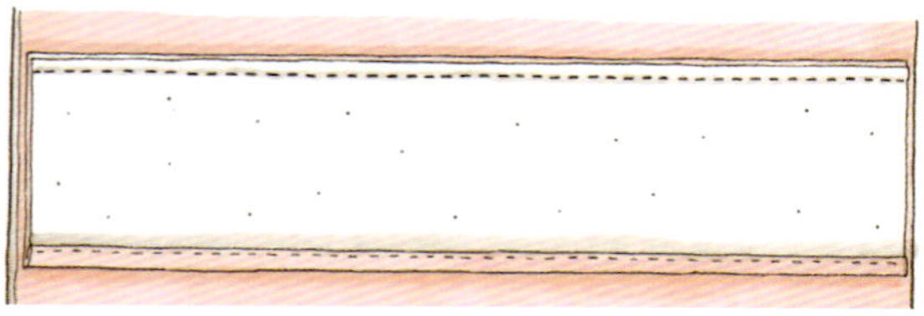

D

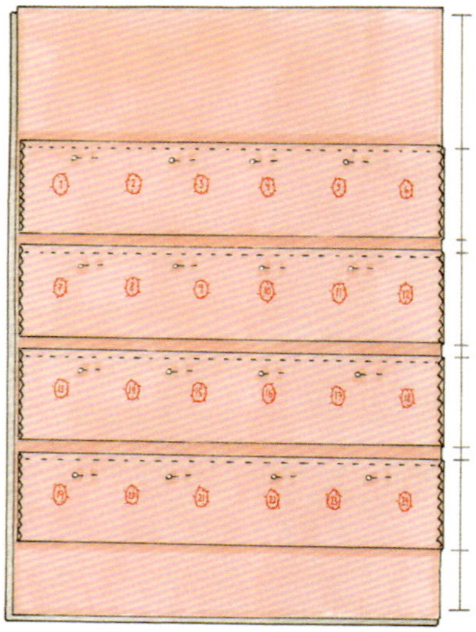

E

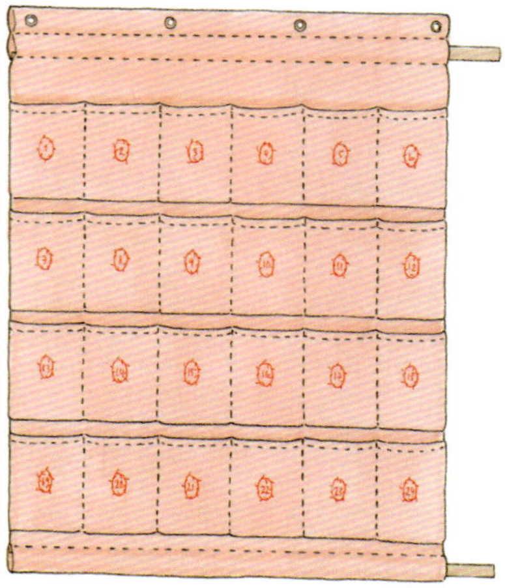

1
2
3
4
5
6
7
8
9
13
14
15
19
20
21

12
16
17
18
22
23

剪4条72 cm×16 cm黏合衬，只在一个长边和两个短边加缝份。

日期用现成的日期章蘸布料印泥盖上去。

量出插袋尺寸，每个插袋应为12 cm×16 cm，用水消笔在布条正面画出轮廓。盖日期时，参见第9页的说明。先在离插袋底边6.5 cm处缝上圆圈，日期正好盖在中间，如102页图A所示。也可选择其他方式，如把日期绣在日历袋上。

4条高密度黏合衬分别熨到4条布料反面，两个短边和底边与布料平齐，只有顶边缝份宽余。

顶边缝份向内折两次，毛边压在里面缝上，如102页图B所示。

插袋布条反面朝外悬垂着，把底边缝到日历正面，缝好后折上去，如102页图C所示。顶边用珠针固定，两边用之字形针法缝合。

最下边一条插袋底边离日历底边10 cm，折上去后，离第二条底边2 cm。依此类推，如102页图D所示。最后，日历顶端应留大约23 cm。

将日历背面布料与日历正面相对，两个长边缝合。日历翻到正面，顶边和底边用之字形针法把各层缝合在一起。

插袋条以12 cm的间隔缝线，每排6个插袋。为保证各层之间整齐平展，可先用珠针、疏缝固定，熨烫后再拆去珠针或疏缝线。

顶边缝份折向背面，再折8.5 cm，在离顶边8 cm处缝线，固定。

然后在离顶边4 cm处加缝一条线，8 cm宽的折叠部分被分隔成2个4 cm宽的条带。底边向背面折4.5 cm，以同样方式缝线，固定。

在顶部安4个气眼用于悬挂。截两根70 cm长的木条，一条穿入气眼下4 cm宽的通道，另一条穿在底部，如102页图E所示。

天使翅膀

制作材料

☆ 翅膀布料和缎带
☆ 黏合衬
☆ 填充材料
☆ 图样见146~147页

制作方法

布料剪成150 cm×4.5 cm的长条，或者把短布条拼接到这个长度，再剪2条7 cm×4.5 cm的布条，不必另加缝份。

两个长边缝份朝里折，然后把布条对折，缝合，成为一条150 cm×1.5 cm和两条7 cm×1.5 cm的带子。带子两头的缝份也折起，缝合。

天使翅膀的缝制参照32～34页的说明。把两根短带子对折，插入翅膀下返口内适当的位置，然后缝上返口。

长带子的中心固定在翅膀顶部中间，两头穿过翅膀下边的布袢，如右图所示。

背后打个蝴蝶结，把翅膀舒适牢固地戴在肩膀上。

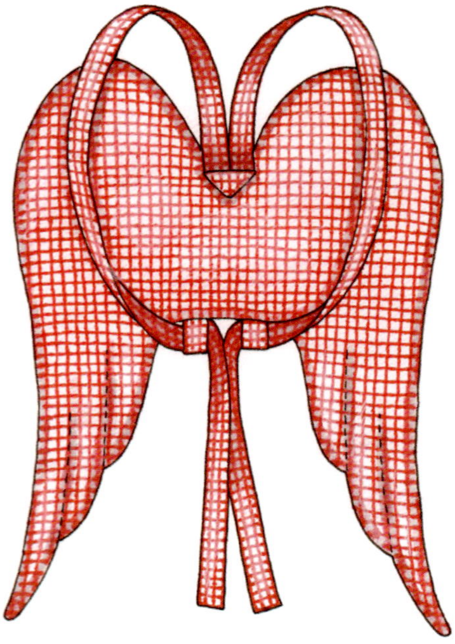

可爱的小天使……
时不时地要装扮起来！

迷你衣服

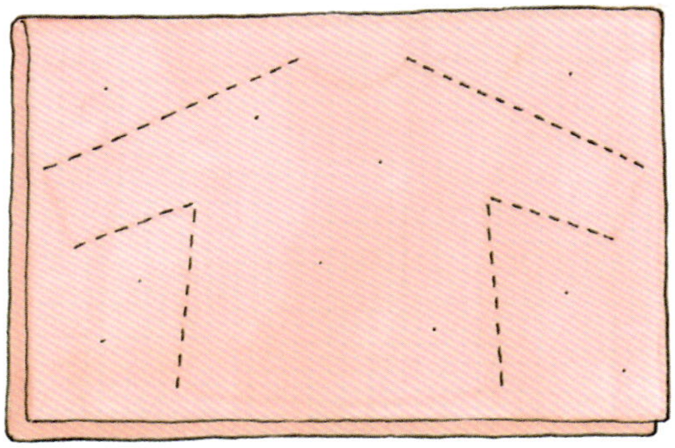

缝制小衣服的布料，应先熨上加硬的黏合衬，这样布料不会松懈，布边也不会脱线起毛。毛毡布边本身不会脱线起毛。

熨上黏合衬的布料或毛毡布正面朝里对折，描上图样，缝出衣服轮廓，如右图所示。剪裁时沿着线剪，不必留缝份。翻到正面，用缎带、绣线或水晶珠做装饰。

小衣架可买现成的，也可用铅丝之类金属丝自己制作。

图样见145页。

 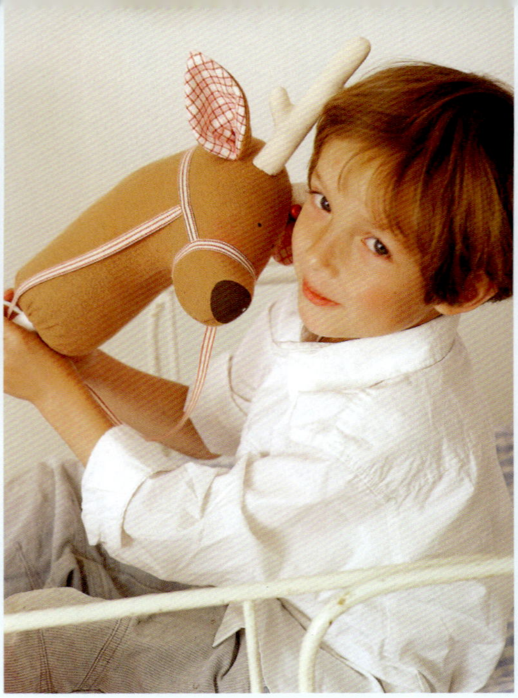 

男孩房间布艺

这是精心布置的男孩子的房间。这里有男孩最爱的驯鹿坐骑，还有数只泰迪熊；装饰房间的三角纸卷起粘在长绳上，飘起一串彩旗；小礼包用彩纸包成五颜六色，上面有怪兽、汽车等图案；还有架梯子，上面悬挂着圣诞月日历袜。

  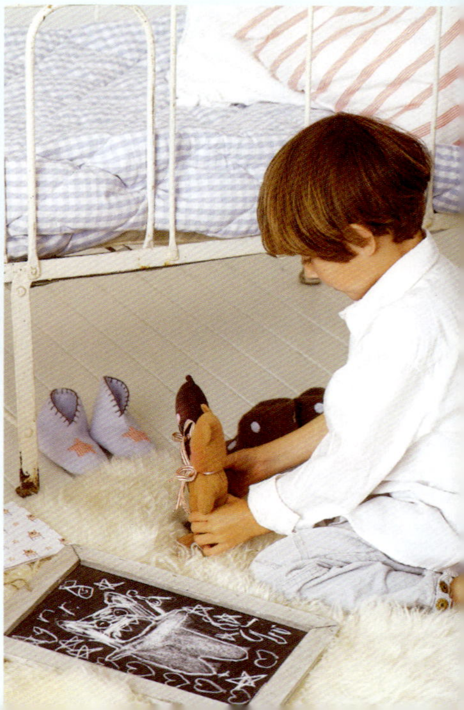

好学易做的泰迪熊

制作材料

☆ 布料
☆ 口鼻处颜料
☆ 系蝴蝶结的缎带
☆ 填充材料
☆ 图样见145页

制作方法

图样有两种尺寸，小熊可用做饰品或悬挂在圣诞树上，大熊是孩子们喜爱的玩具。

布料正面朝里对折，描上身体和耳朵图样。注意：除了返口还要留缝耳朵的口。缝出身体和耳朵，剪出。耳朵翻到正面，对准身体上缝耳朵的口，缝上去，如图A所示。

身体翻到正面，熨平展，填充，缝上返口。双股绣线绕颈部一圈扎紧，尽量向下接近双臂，使头部和身体明显分开。按第10页的说明涂染鼻部。如想要些乡土气，可用干画笔扫上些布料印泥色，参见11页的说明。选适当颜色的线，在鼻下缝一针做嘴。每只脚缝2针做爪，如图B所示。颈部系个蝴蝶结。

安装小熊头上的圣光环，参见32~34页的天使制作说明。

A

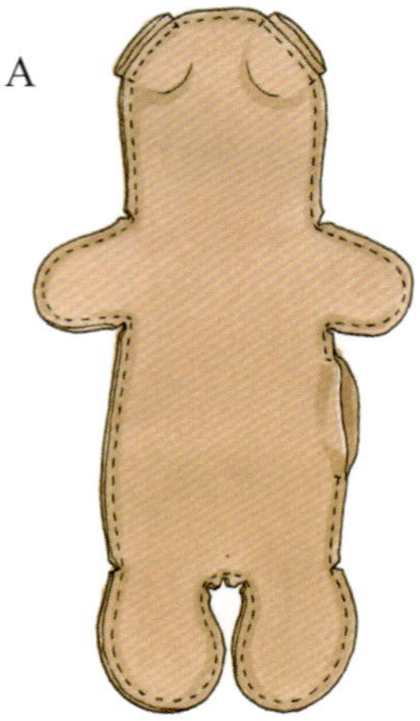

B

布鼓

制作材料

- ☆ 鼓面和鼓底布料
- ☆ 鼓侧面布料
- ☆ 鼓边布料
- ☆ 硬黏合衬
- ☆ 填充材料
- ☆ 棕色天鹅绒带或类似材料
- ☆ 硬纸板
- ☆ 绣线
- ☆ 悬挂鼓的带子（随个人喜好）
- ☆ 鼓的圆形图样见132页

制作方法

图样有两种尺寸，大鼓由一条41 cm × 10 cm的布料和两条41 cm × 3.5 cm的布料缝制而成。小鼓也用了3条布料，一条16.5 cm × 4 cm，两条16.5 cm × 1.5 cm，都要另加缝份。

两条窄布料缝到宽布料上，如图A所示。缝份折向两边，熨平，反面熨上硬黏合衬。硬黏合衬还要熨到做鼓面、鼓底的布料上，然后按图样画上两个圆形，要另加缝份。剪出圆形，缝到布料的两端，侧面留的返口一定要和鼓面直径一样长，如图B所示。翻到正面。

用硬纸板剪两个鼓面圆形，不加缝份。从返口把两个圆形硬纸板分别塞到鼓面和鼓底位置，填充后，缝上返口。

鼓侧面用绣线来回缝出几个大之字形。鼓两边缝上带子，用于悬挂，位置在鼓边与中间部分接缝处。棕色天鹅绒带或类似材料围绕鼓上沿一圈缝上，压住缝带子的部位，如图C所示。小鼓的鼓边较窄，天鹅绒带可折成双层。大鼓可以不用带子，而用天鹅绒带悬挂。鼓面上缝上五角星。

用画笔扫上些布染印色，显示古旧效果，参见11页的说明。

A

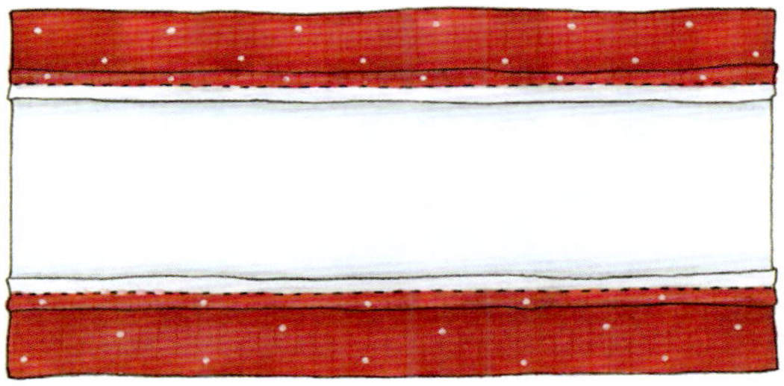

B

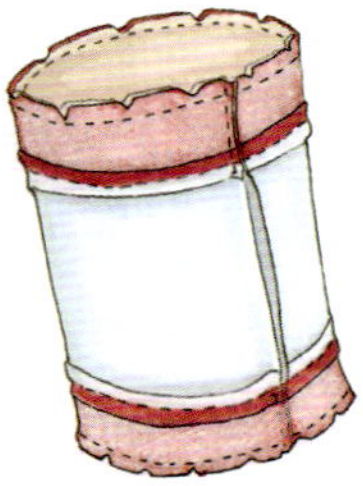

C

驯鹿坐骑

制作材料

☆ 鹿头布料
☆ 鹿角布料
☆ 耳朵里料
☆ 填充材料
☆ 笼头系带
☆ 鼻部颜料
☆ 点缀用小红果（随个人喜好）
☆ 圆木棒，大约1 m长、直径2~2.5 cm（木材店有售）
☆ 木棒用漆
☆ 图样见148页

A

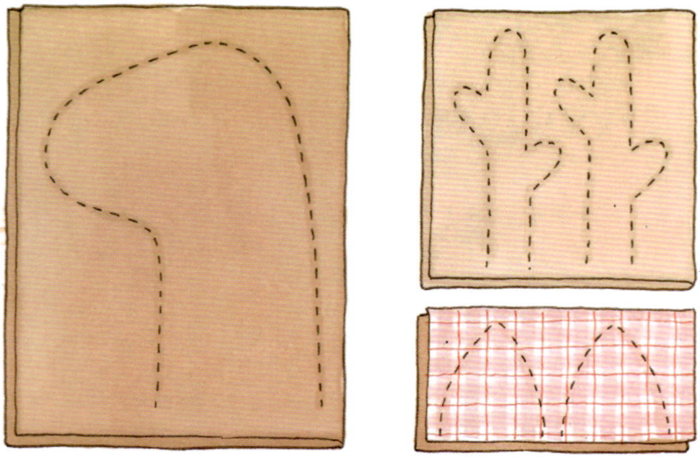

B

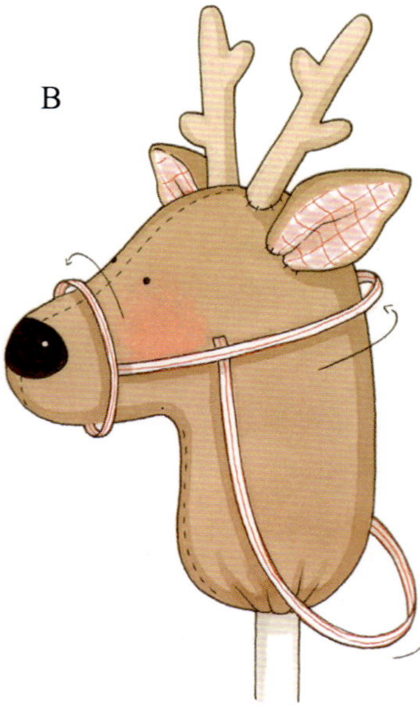

制作方法

鹿头布料正面朝里对折，描上鹿头图样；鹿角布料正面朝里对折，描上鹿角图样；鹿耳面料与里料正面相对叠压，描上鹿耳图样。缝出各部分，如116页图A所示。按12页的说明，剪出各部分，翻到正面，熨平。鹿头和鹿角填充紧实。

圆木棒漆成喜爱的颜色。

颈部开口处缝份朝里折，缝一圈。圆木棒转动着从颈部插进去到一定深度，缩拢颈部布料，来回缝几次，把圆木棒固定。

鹿耳开口处缝份朝里折，鹿耳稍折一下，用珠针固定在鹿头上。鹿角根部的缝份朝里折，用珠针固定在鹿头上。调整鹿耳和鹿角的位置，满意后缝上去。按第10页的说明涂染鼻部。

一根缎带绕在鹿头前部，另一根缎带从前部绕过后部再绕回前部。另剪一条大约60 cm长的缎带做缰绳，按116页图B所示缝固定。

挂在墙上的驯鹿制作方法相同，但脖子短，大约7 cm，图样中用虚线标示。

圣诞月日历袜

漂亮的圣诞小袜子也可做成圣诞来临月日历。如不想做24只袜子，可找个便捷方式，把日历和包裹混在一起，就像119页上的图展示的那样。

小圣诞袜图样中选较大的一种，五角星图样也选较大的一种，见144页。制作圣诞袜的方法，参见101页的说明。

五角星

按9页说明，先盖上日期，再把五角星缝到袜子上。

布料正面朝里对折，描上图样，沿边缘缝好，剪出。在一层布料上留返口，翻到正面，熨平。

☆ 图样见144页

2
18
6

圣诞礼物工作室

圣诞节前，这里是一片忙碌景象：大大小小的彩布袋，装满了给家人和朋友的各种礼物；各式各样的礼盒，包着漂亮的彩纸，扎着五颜六色的缎带。对于礼物，人人都是满怀期待，能等到圣诞日吗？

礼袋

制作材料

☆ 布料

☆ 硬黏合衬

制作方法

礼袋的大小要适合礼物的大小，因此没有特定的尺寸。

剪足够大的布料，宽度是想要的袋宽，长度是想要袋高的两倍，另加上底部。把硬黏合衬熨到布料反面。布料正面朝里对折，把开口一侧缝合。翻到正面，把袋的一半折到另一半里，袋高成了一半，袋厚增加了一倍。袋底横着缝线，把几层缝在一起，如图A所示。在底部两个角横着缝线，剪去缝线外多余的部分，如图B所示。角缝得越大，袋底就越宽。翻到正面，按19页的说明缝制提带。沿着袋口边缝一圈，同时把提带缝上。

A

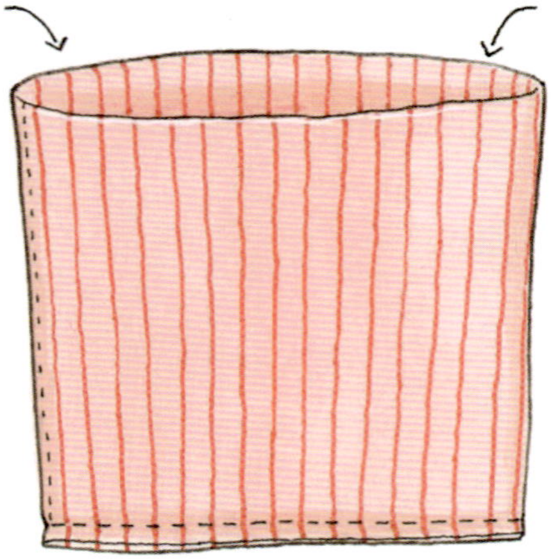

B

贺卡和礼品包装

当今，种类繁多、色彩缤纷的彩纸、纸饰品和缎带使礼物包装、贺卡制作成了一件非常容易且令人愉快的事。很多时候，根本不必预先准备，就能产生惊人的效果。剪贴纸也可用来包装小礼品。

漂亮纸张制作的贺卡不必过多装饰。

现在许多家庭都有数码相机和打印机，可以便捷地制作照片贺卡。照片印在布纹无光相纸上，剪下来，在一角钉上气眼，穿上缎带，一个特别的贺卡就产生了。

Yo-yo用于礼品点缀，会产生非同一般的效果。按第8页的说明制作yo-yo。

礼品构思

贺卡、封套和礼盒

制作一些相同的贺卡，盒子也配以相同的图案。把贺卡和封套放进盒子，以成套的贺卡送人，自有精妙之处。我的礼盒是个硬纸盒，大小适当，涂成了白色，包裹上彩纸。可以把礼盒和贺卡做旧，增加些岁月感，参见40~41页剪贴画说明。

孩子的礼物

一双小拖鞋、一些糖果、一个小泰迪熊等都是孩子们喜爱的礼物。

女友的礼物

64~65页上的松糕可以当作不错的针插；针线包里添上一块布头、一把小剪刀送给女友，也会让她欣喜不已。

来自厨房的礼物

按照第9页的说明，先在布料上压盖上边框图案。布料缝成小香料袋，装入香料之类物品后，用不褪色笔把名称写在框中。果冻、果酱罐也可用彩纸、缎带、小红果等打扮一番。瞧，礼物满满地装在格子礼品袋中。

户外圣诞

灯笼、冷杉树、花环等装扮着圣诞节的门口；还有一位美丽的天使也守候在这里；别忘了给小鸟也备些食物。

大天使

天使的制作方法与32~35页的方法相同，但这个天使身高80 cm，图样在146~147页。天使要用木杆支撑，才能站得稳；木杆在木材店有售。这个天使固定在装满了土、覆盖着青苔和云杉树枝的桶中，站立着有110 cm高，它热情地欢迎宾客的到来。

图样

每件作品的说明中都指出了相对应图样的页码。

重要提示：剪裁时，图样都要加上缝份，只有点式虚线标出的部位除外（参见下文）。

条式虚线标出的地方，说明缝份要比正常偏宽，但注意有些虚线表示图样的分隔。

贴布造型完成后，会显得稍小些，如用贴纸制作贴布，剪时可缩进图样边线1~2 mm，以取得最佳效果。

图样说明

反面制作贴布： 像填充作品一样，由双层布料缝制而成，最后缝在背衬或作品上。

额外缝份： 标在尤其关键的地方。

通常是沿着里边一条虚线朝里折，但是要连接到整体上的部分例外，比如天使或顽童的腿部等。

开口处的缝份要缝出来。

点式虚线： 标志开口处或两部分连接处。

条式虚线： 标志不起毛不脱线的毛毡布边缘，直接沿线剪裁即可。

折线： 表示线的另一侧图样应加上相对的另一半。

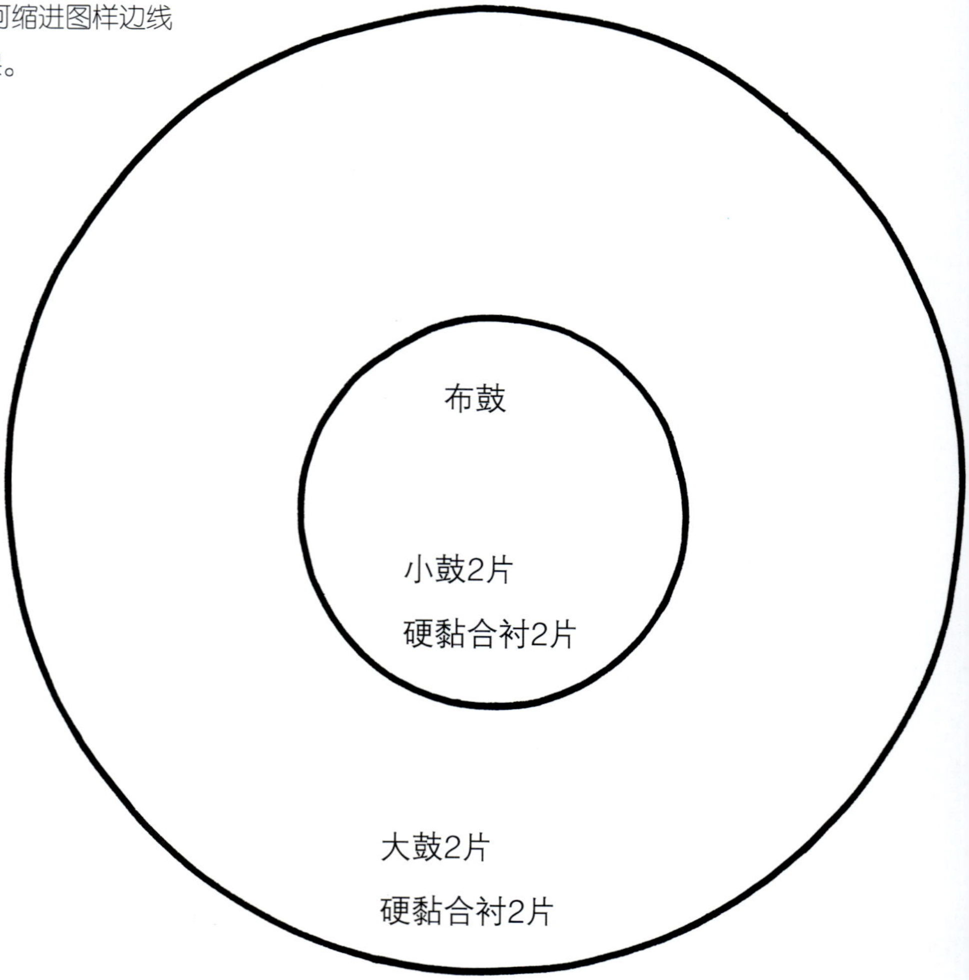

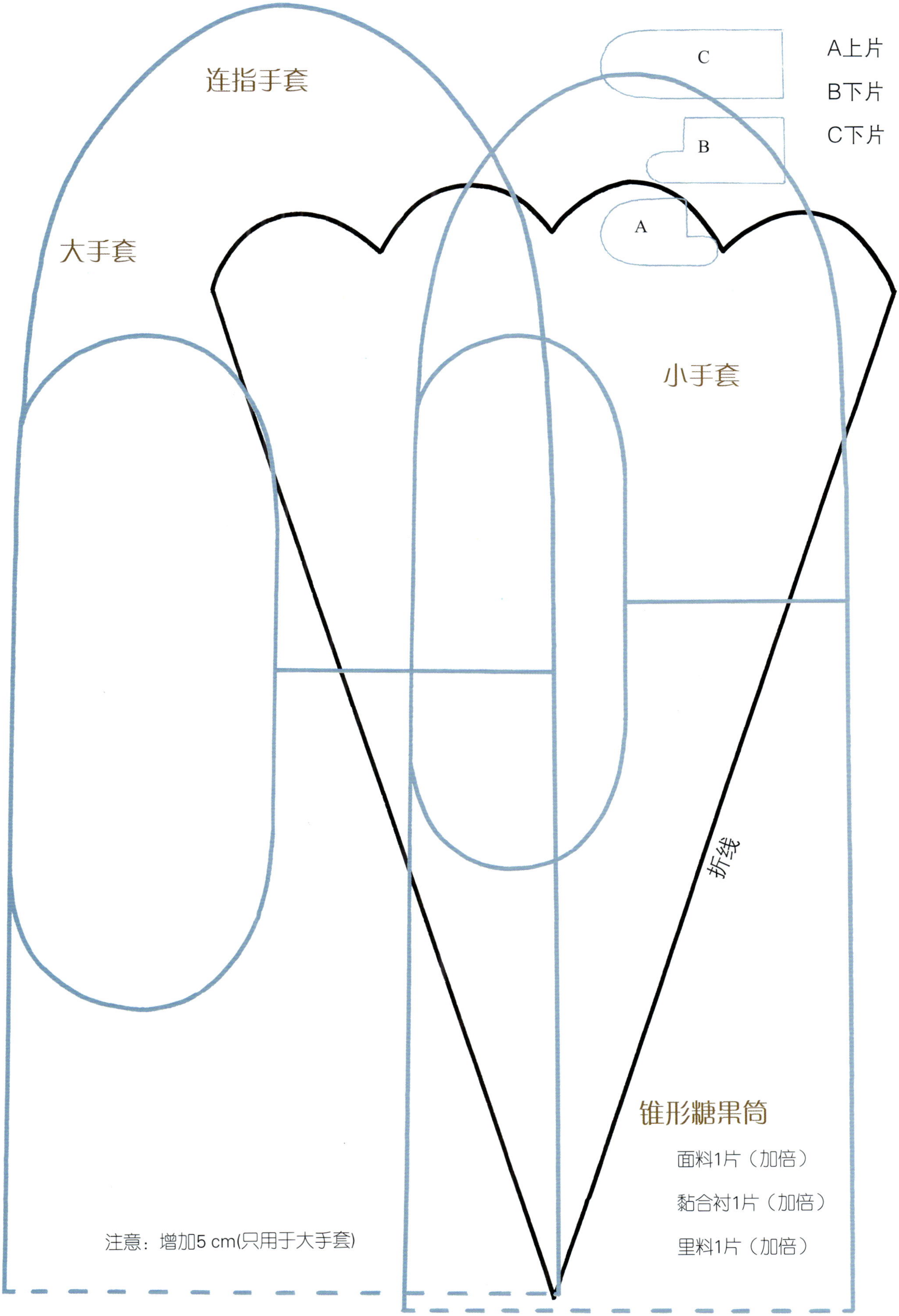
连指手套
大手套
小手套
C
B
A
A上片
B下片
C下片
折线
锥形糖果筒
面料1片（加倍）
黏合衬1片（加倍）
里料1片（加倍）
注意：增加5 cm(只用于大手套)

迷你靴子和迷你溜冰鞋

女顽童 / 天使

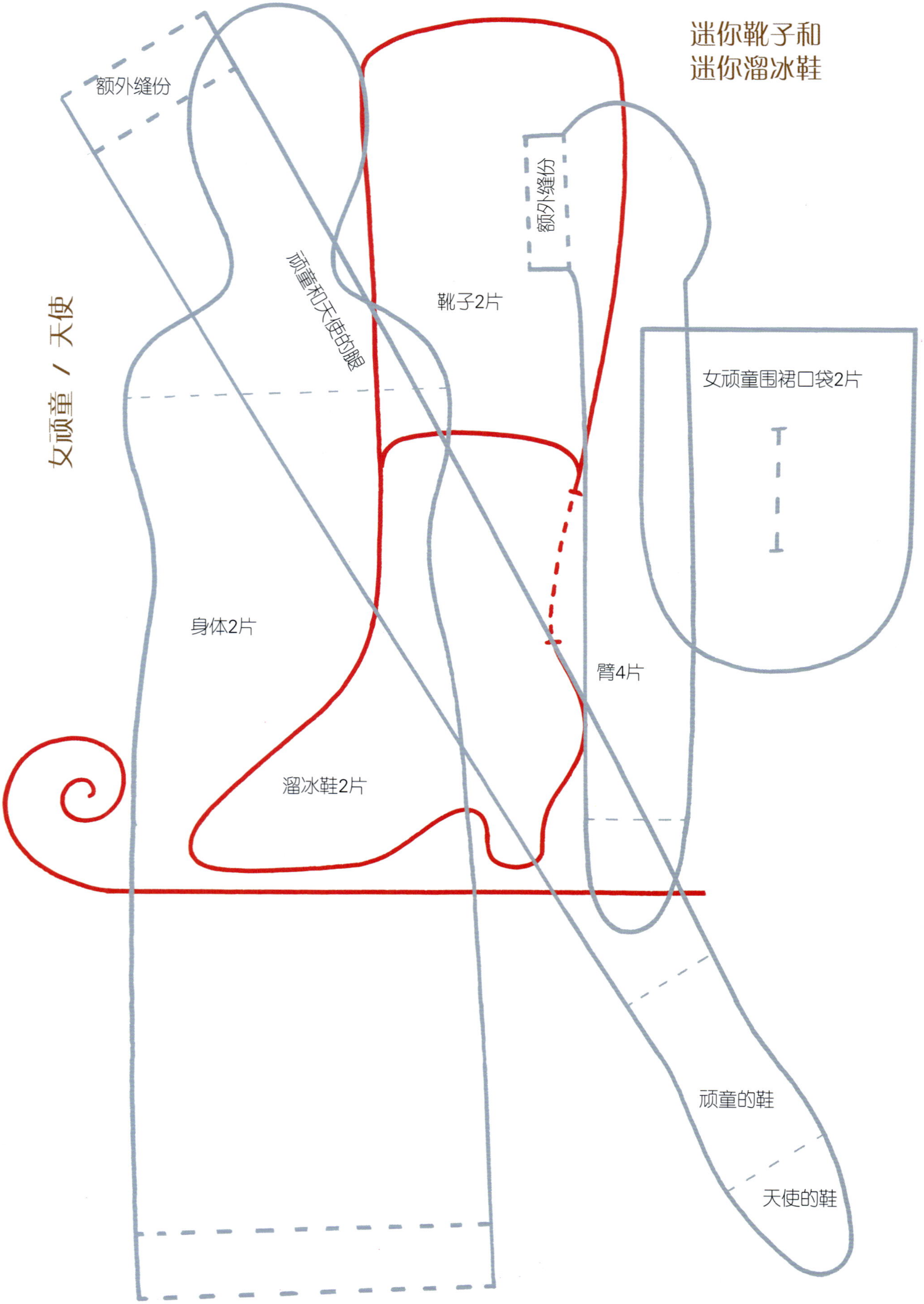

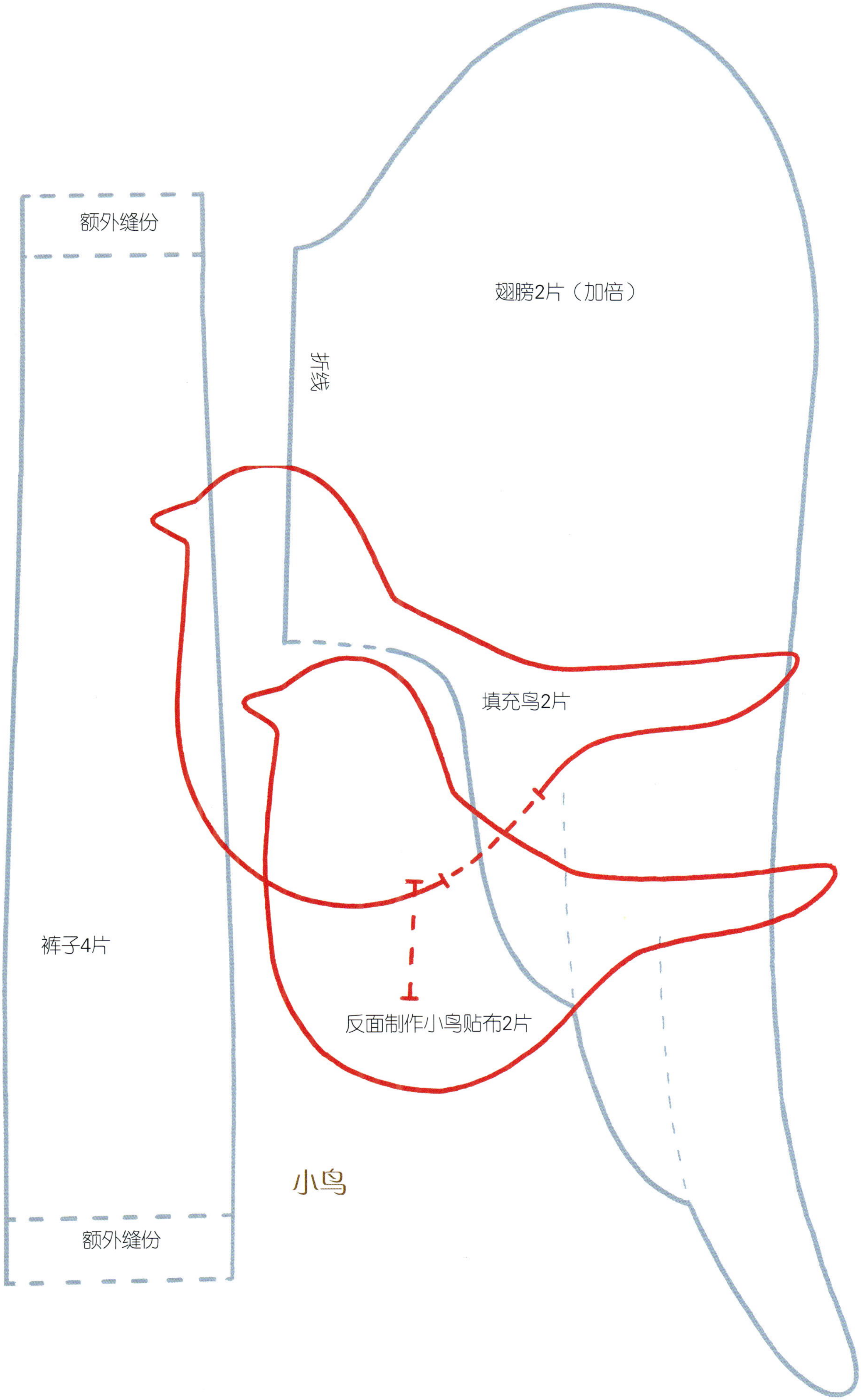

小鸟

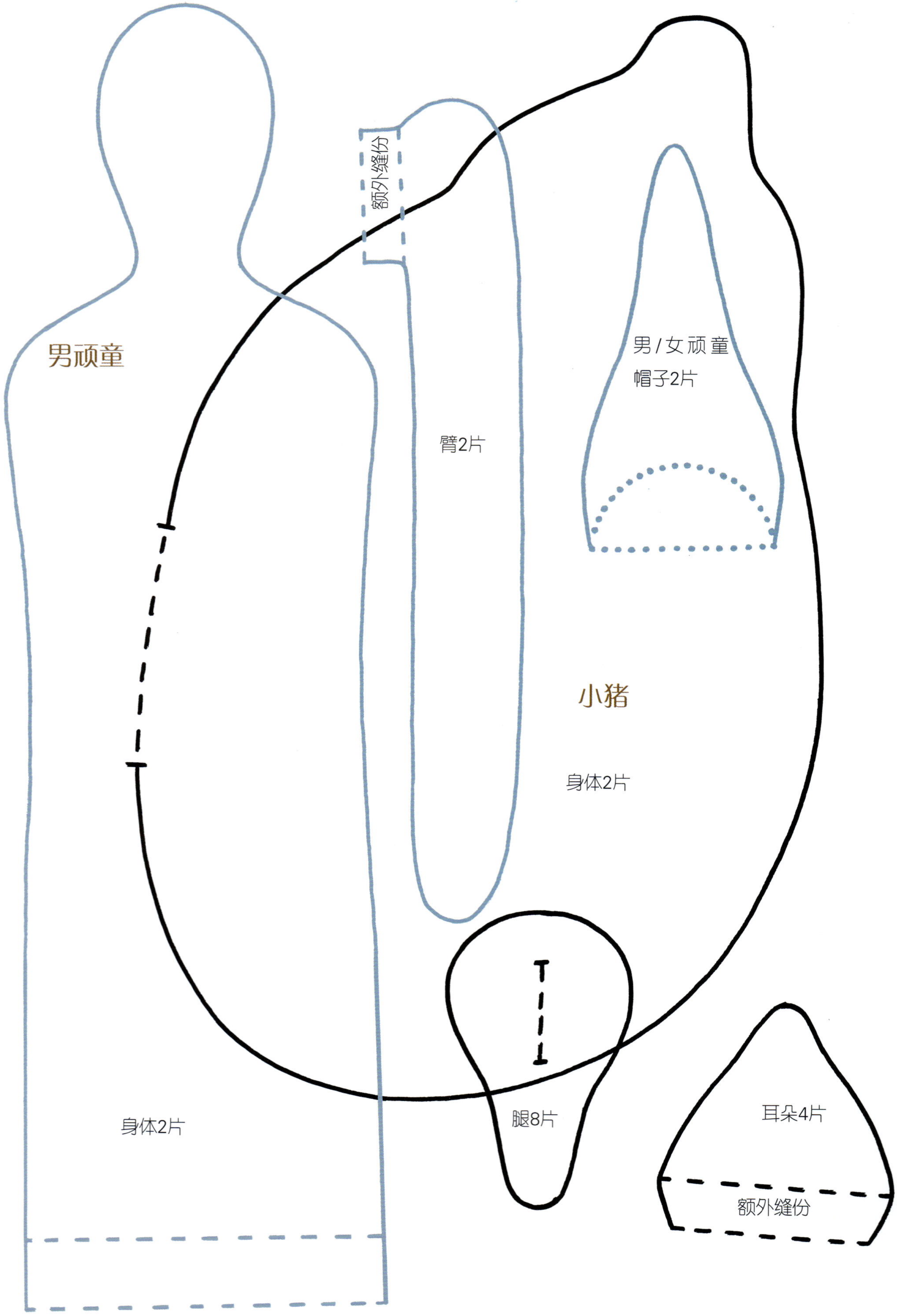
额外缝份
男顽童
身体2片
臂2片
男/女顽童
帽子2片
小猪
身体2片
腿8片
耳朵4片
额外缝份

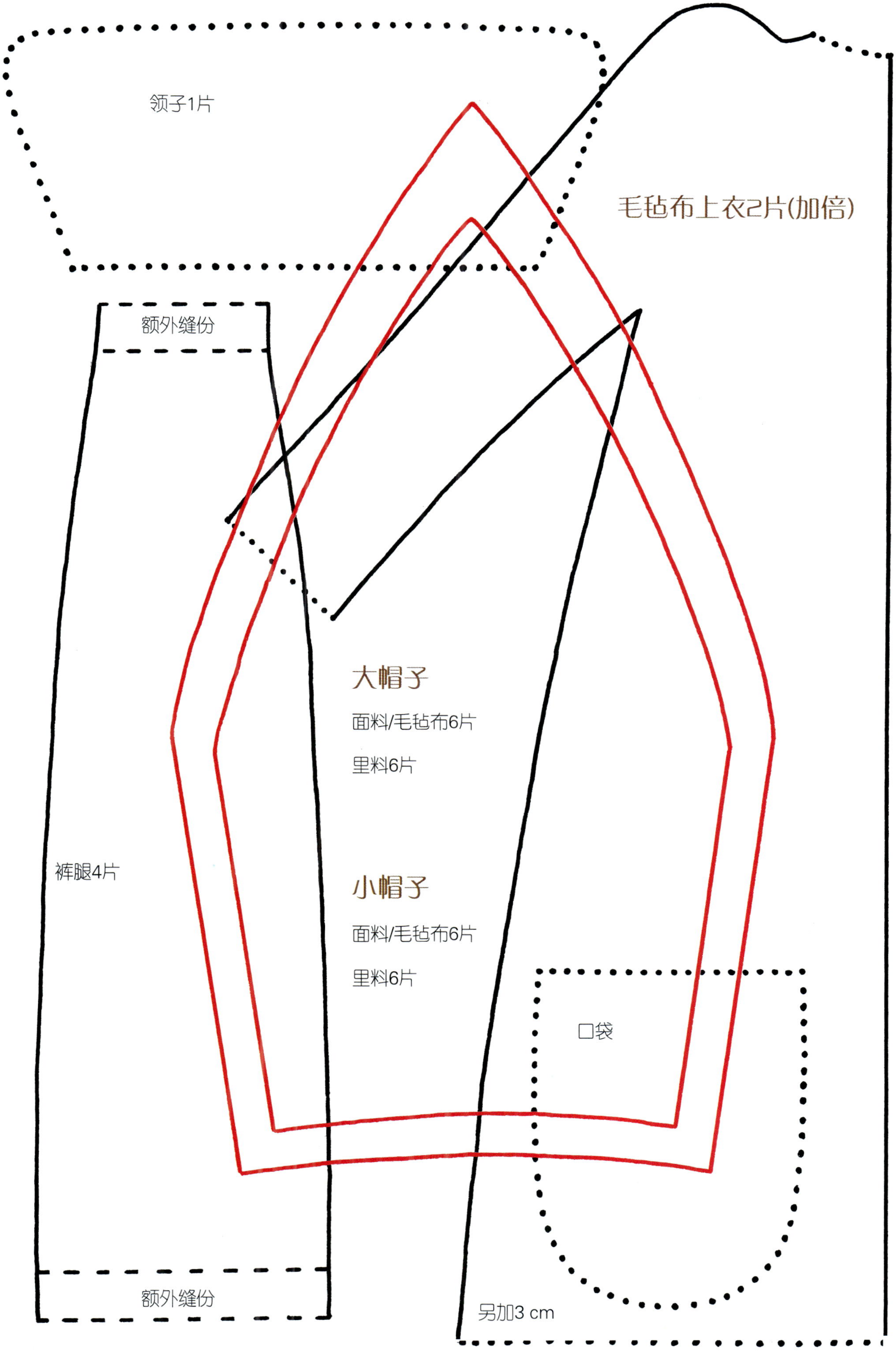
领子1片
毛毡布上衣2片(加倍)
额外缝份
大帽子
面料/毛毡布6片
里料6片
小帽子
面料/毛毡布6片
里料6片
折线
裤腿4片
口袋
额外缝份
另加3 cm

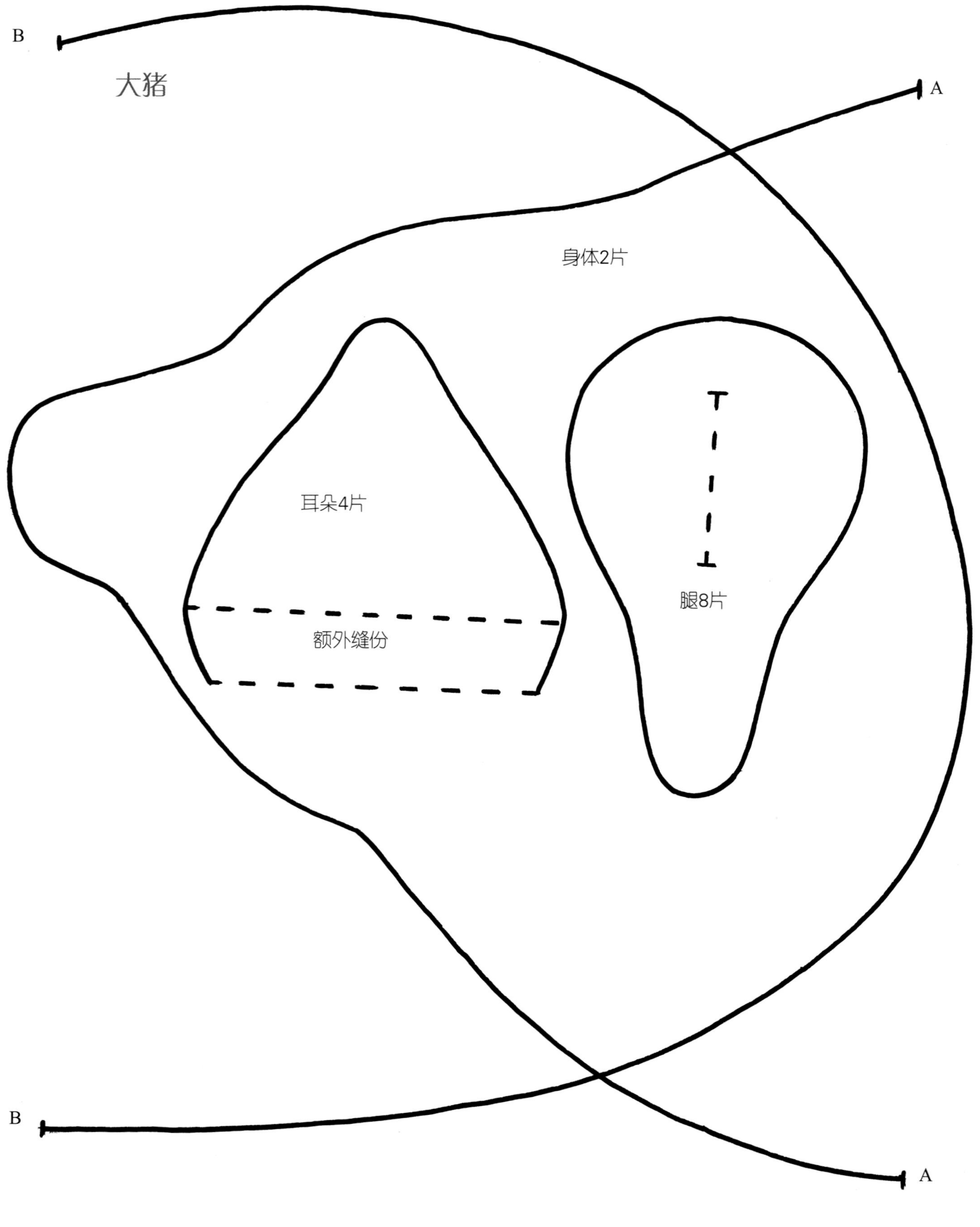
B
大猪
A
身体2片
耳朵4片
腿8片
额外缝份
B
A

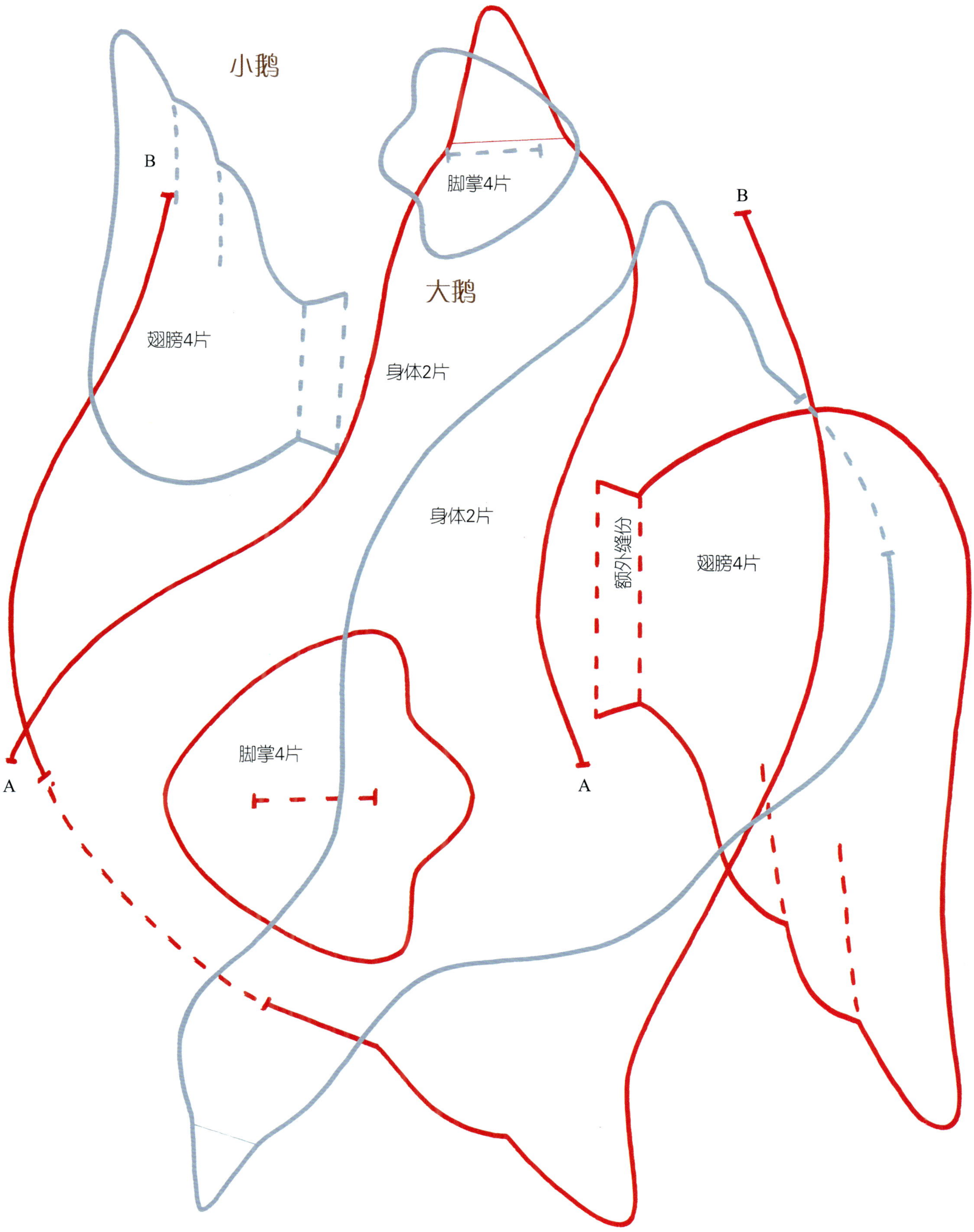
小鹅
B
翅膀4片
脚掌4片
大鹅
身体2片
身体2片
B
额外缝份
翅膀4片
脚掌4片
A
A

松糕

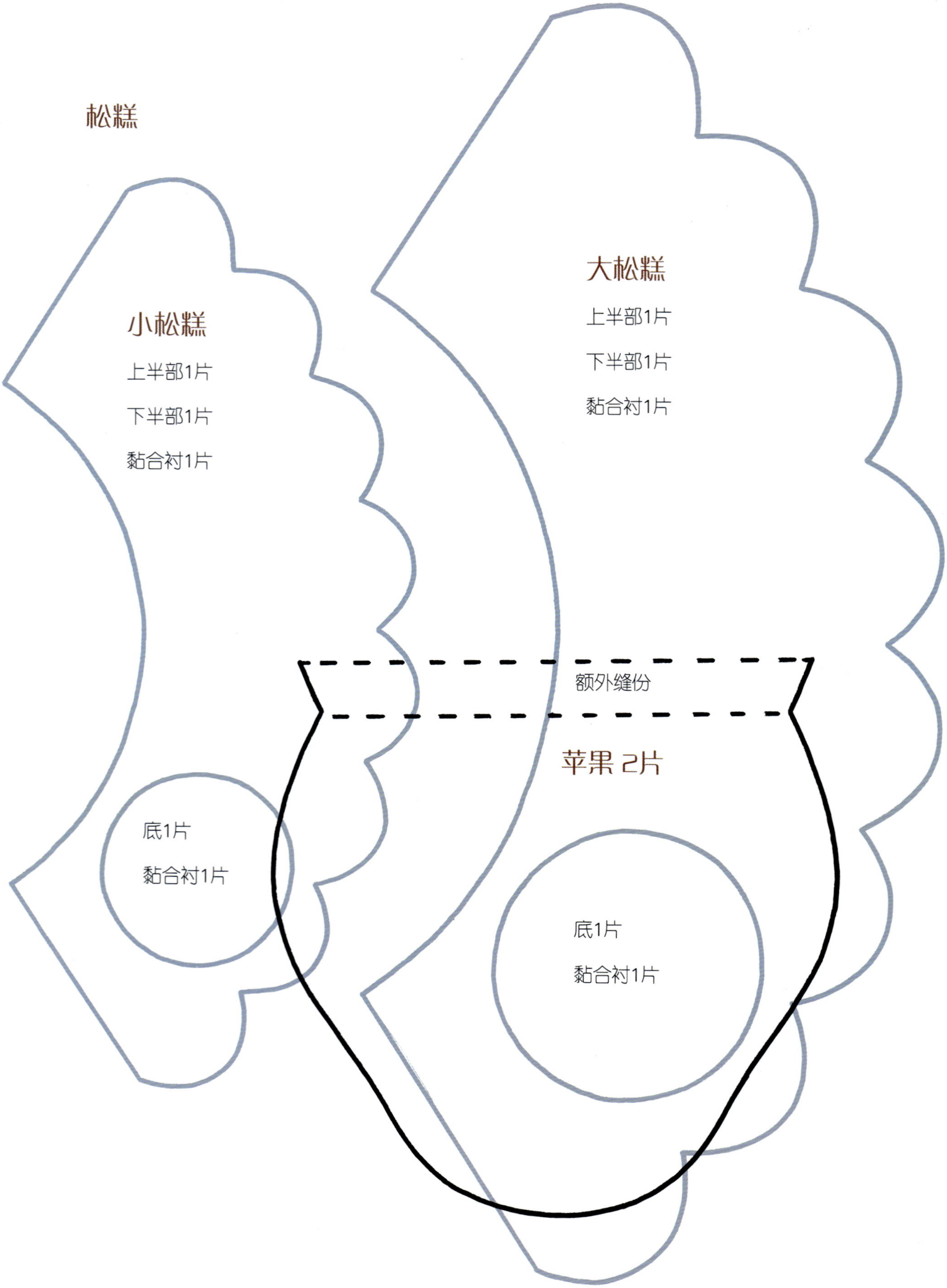
小松糕
上半部1片
下半部1片
黏合衬1片
底1片
黏合衬1片
大松糕
上半部1片
下半部1片
黏合衬1片
额外缝份
苹果 2片
底1片
黏合衬1片

松糕贴布/托垫

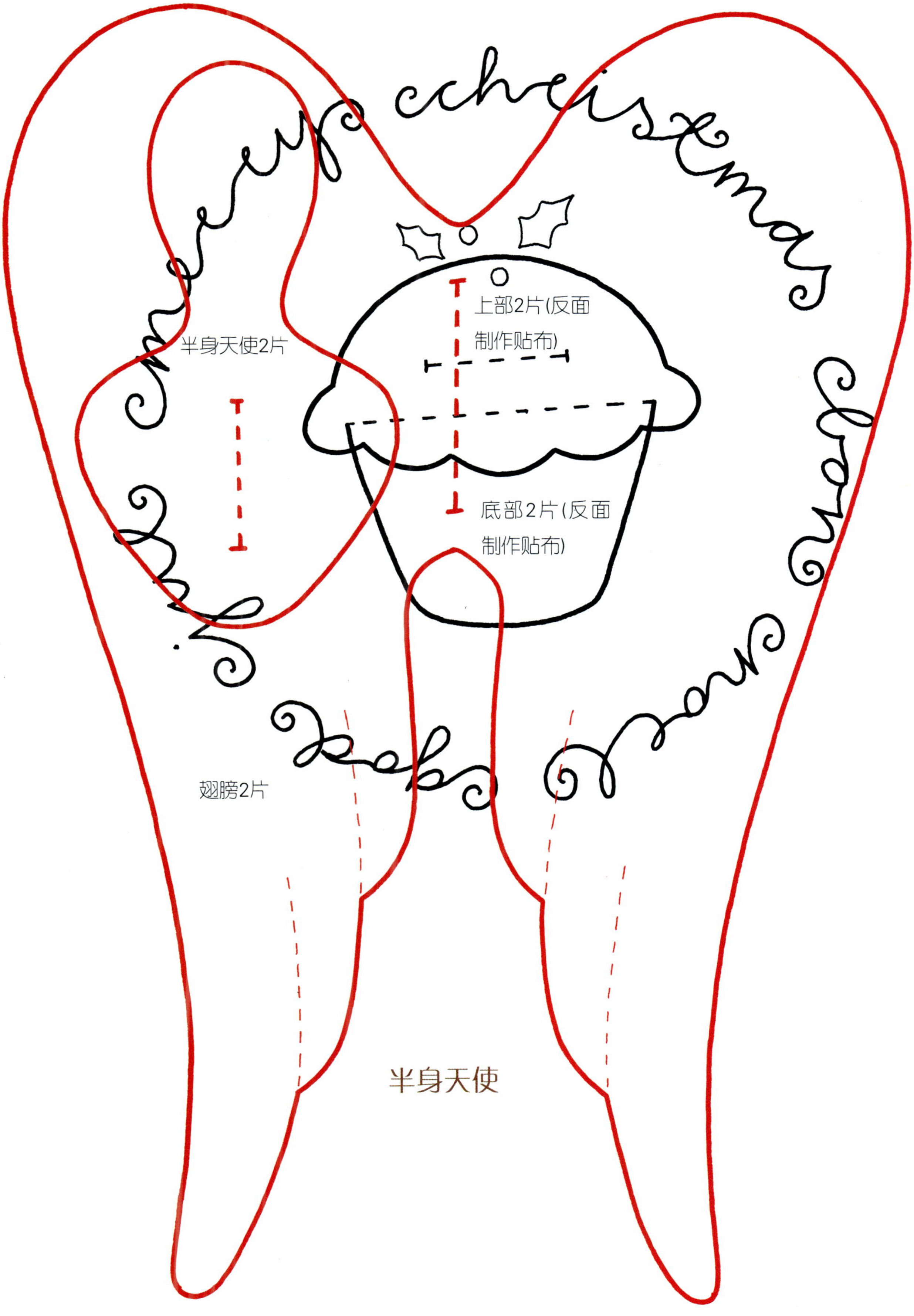

半身天使贴布

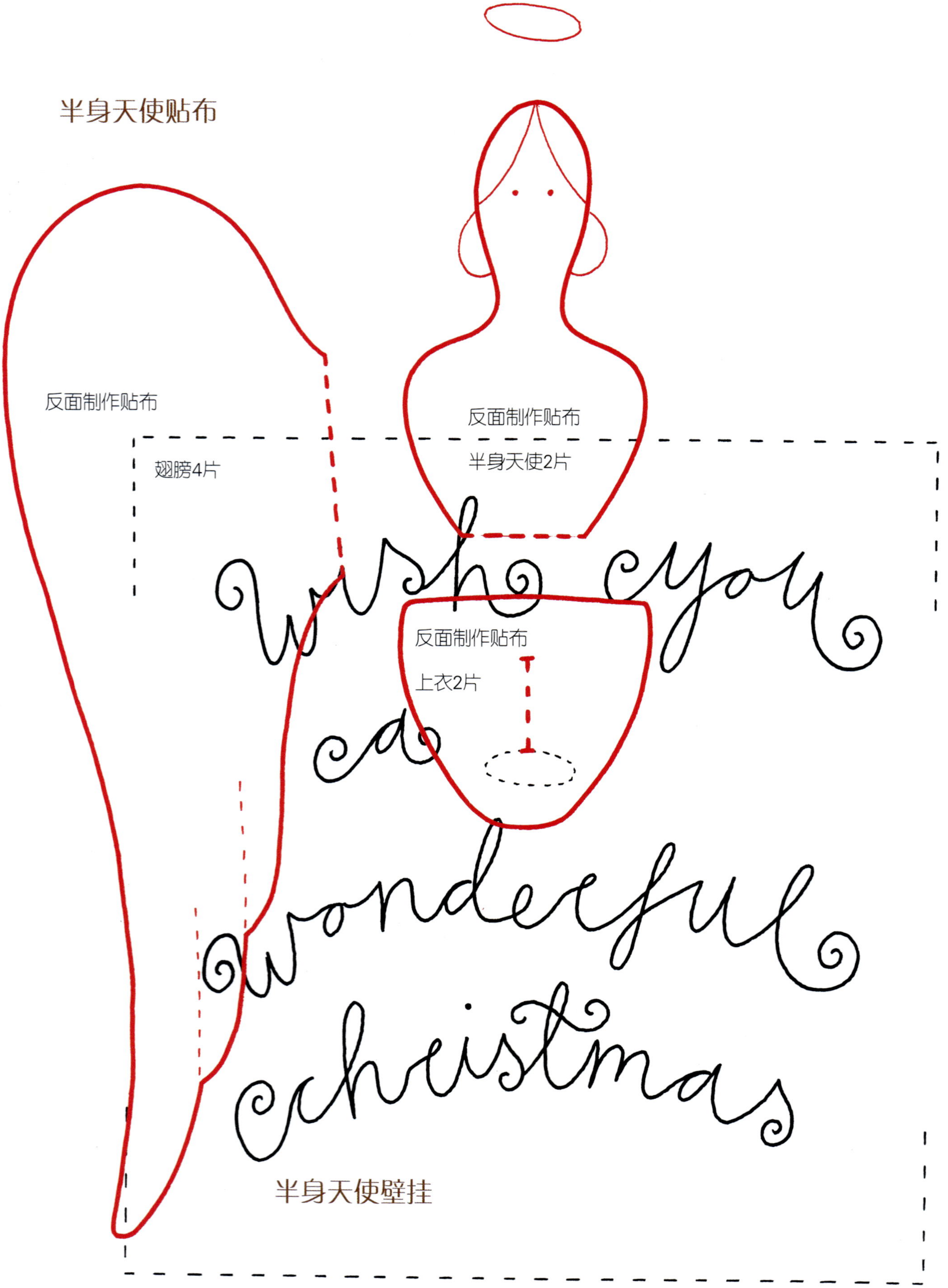
反面制作贴布
翅膀4片
反面制作贴布
半身天使2片
反面制作贴布
上衣2片
wish you a wonderful christmas
半身天使壁挂

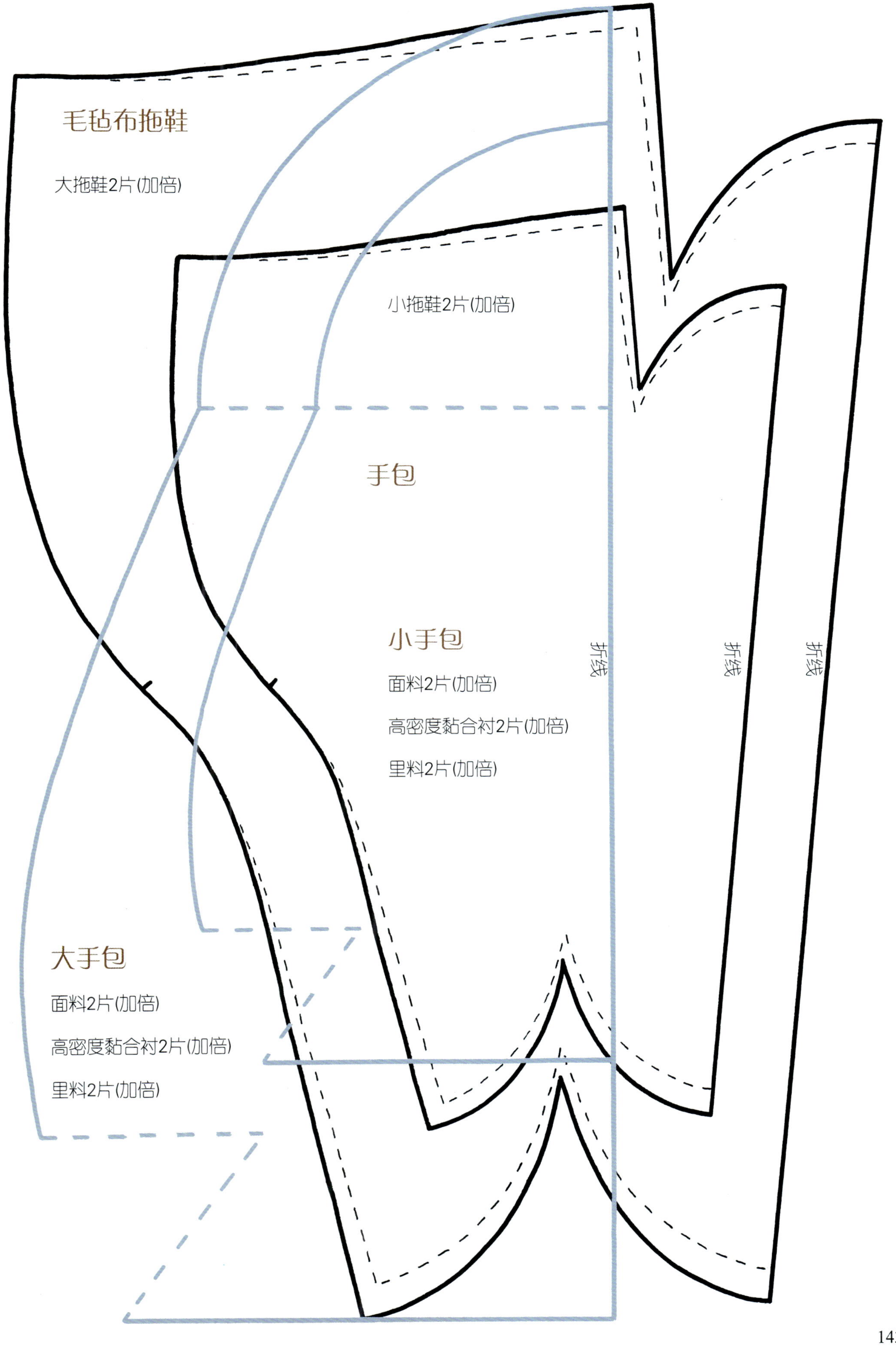
毛毡布拖鞋
大拖鞋2片(加倍)
小拖鞋2片(加倍)
手包
小手包
面料2片(加倍)
高密度黏合衬2片(加倍)
里料2片(加倍)
折线
折线
折线
大手包
面料2片(加倍)
高密度黏合衬2片(加倍)
里料2片(加倍)

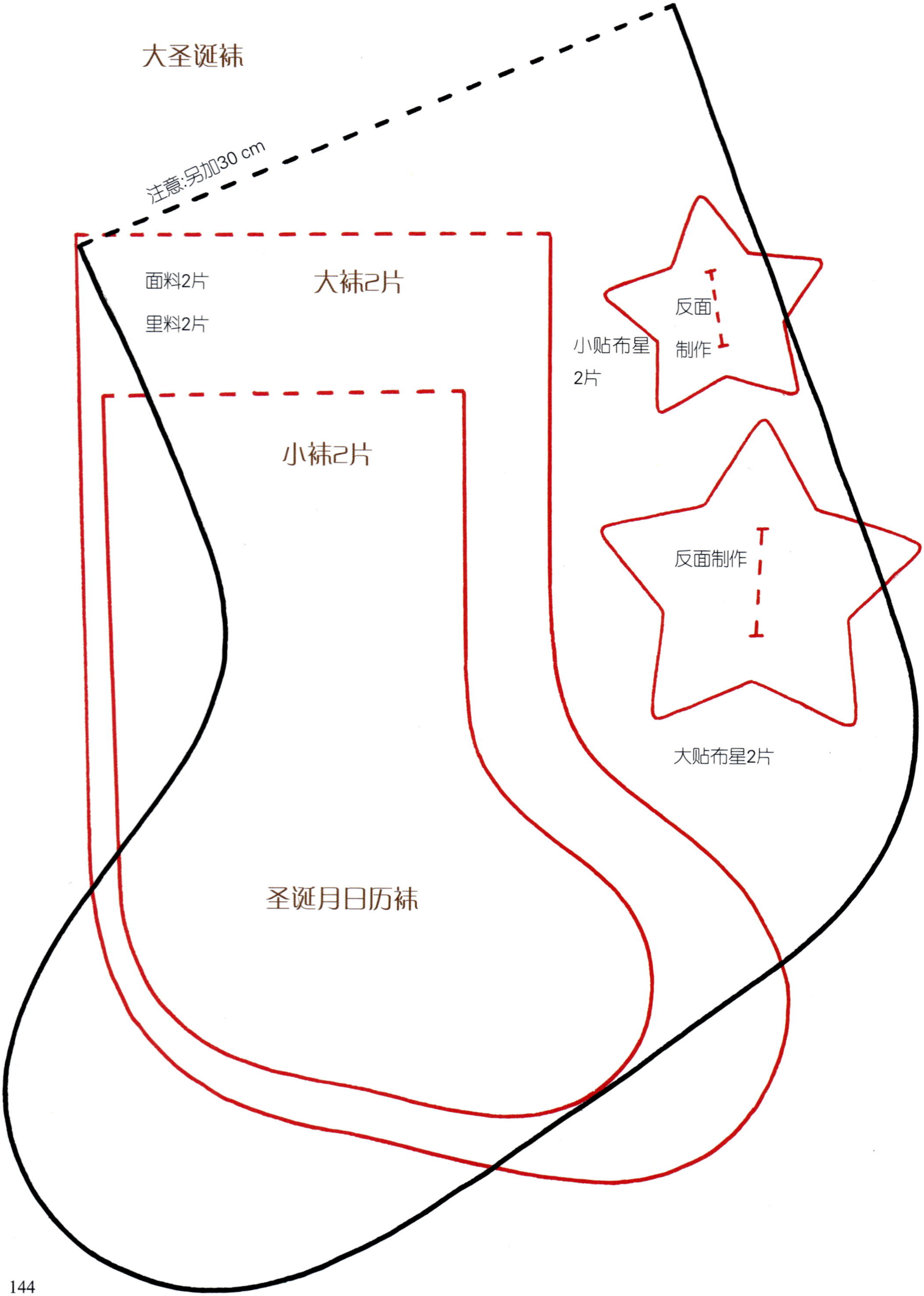
大圣诞袜
注意:另加30 cm
面料2片
里料2片
大袜2片
小贴布星
2片
反面
制作
小袜2片
反面制作
大贴布星2片
圣诞月日历袜

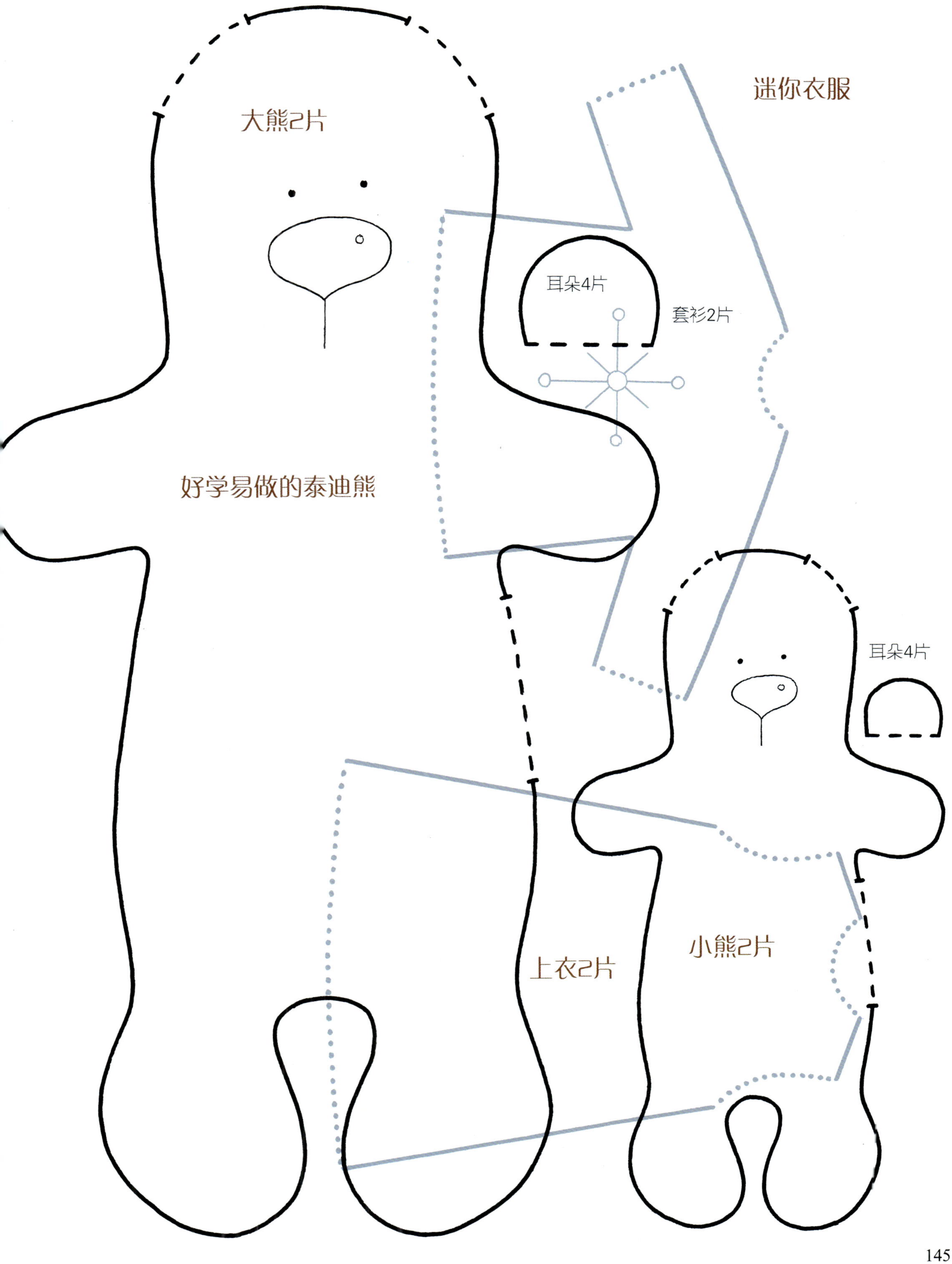
迷你衣服
大熊2片
耳朵4片
套衫2片
好学易做的泰迪熊
耳朵4片
小熊2片
上衣2片

大天使

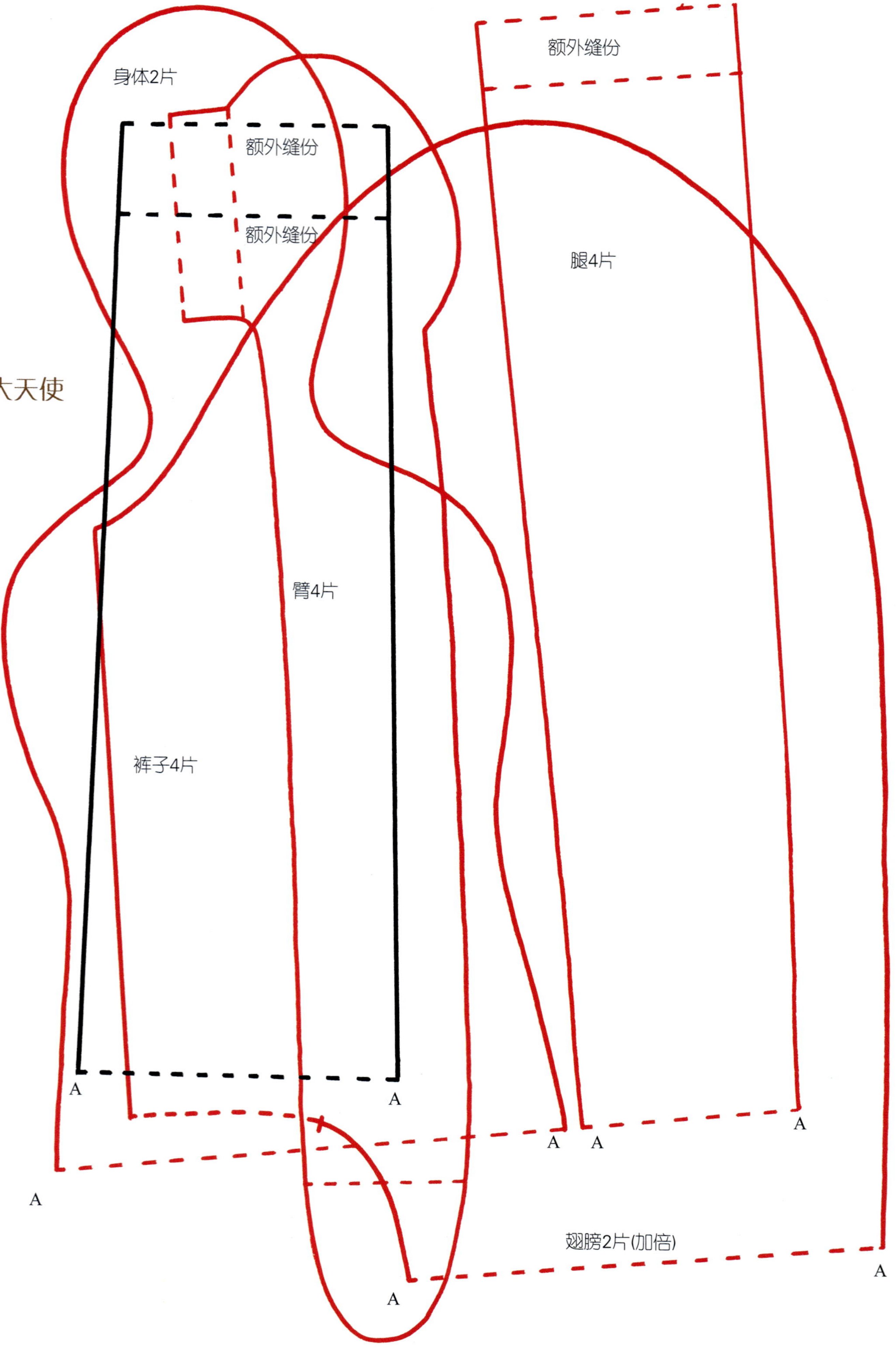

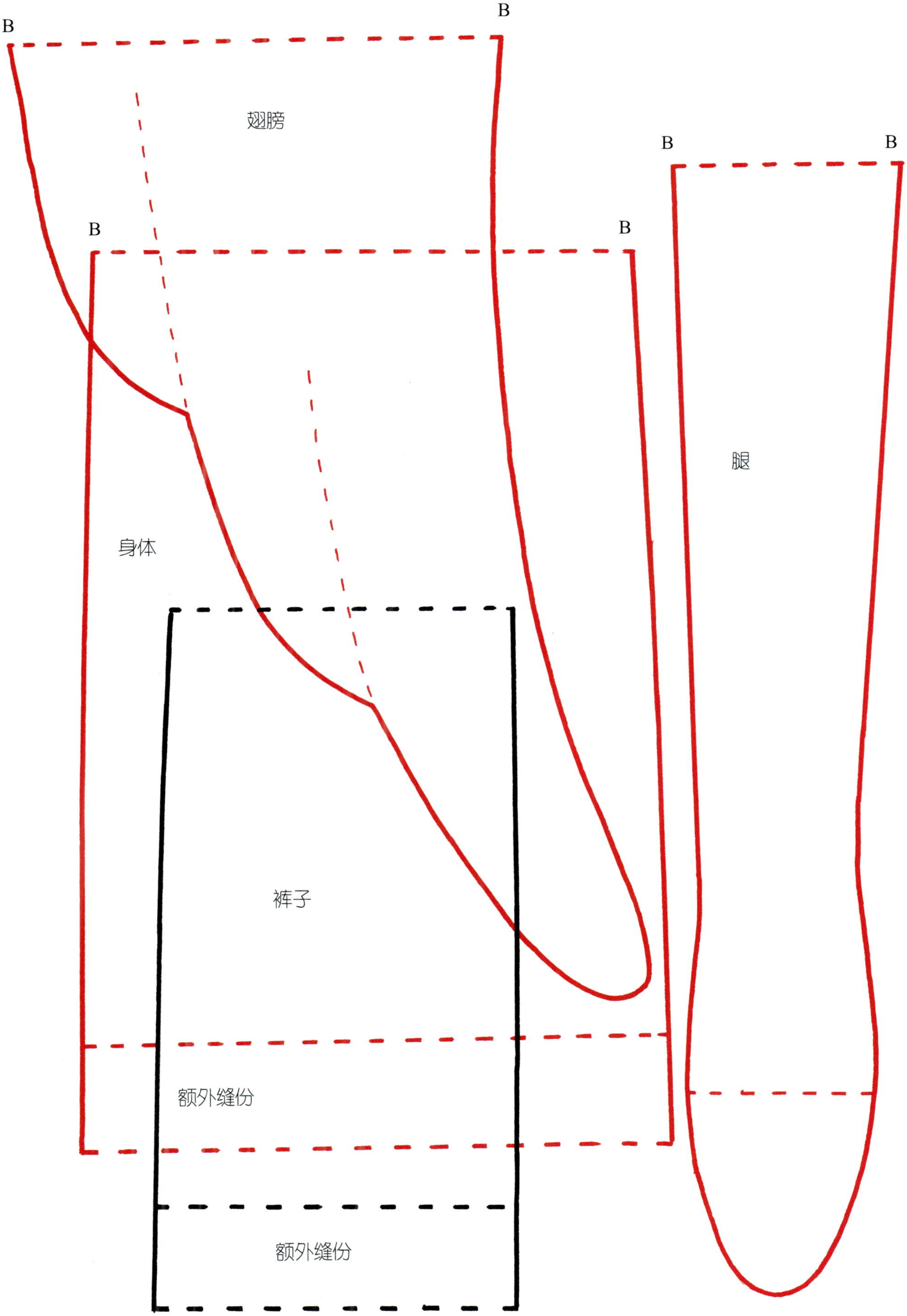
B
B
翅膀
B
B
B
B
腿
身体
裤子
额外缝份
额外缝份

驯鹿坐骑

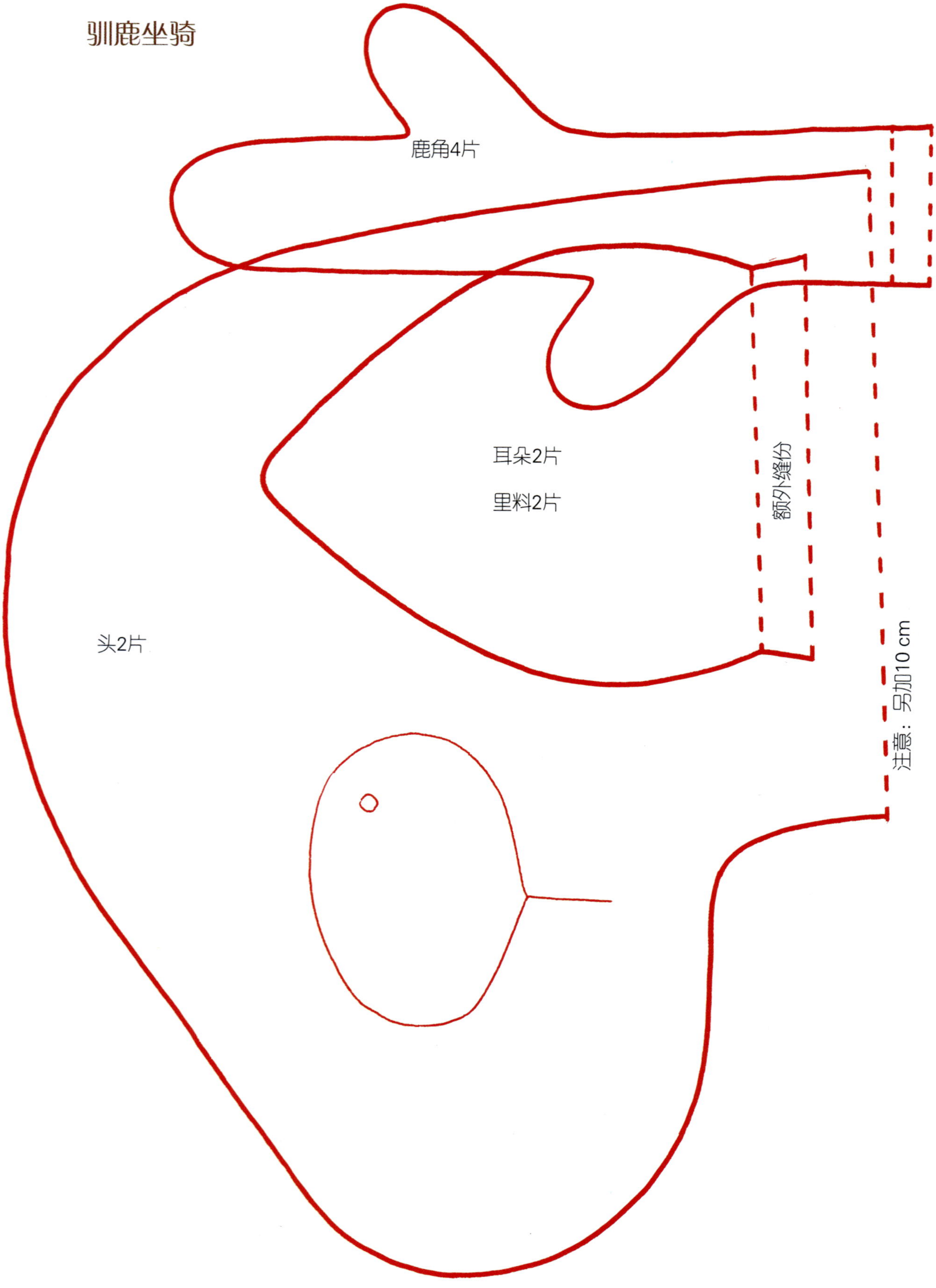

包头娃娃

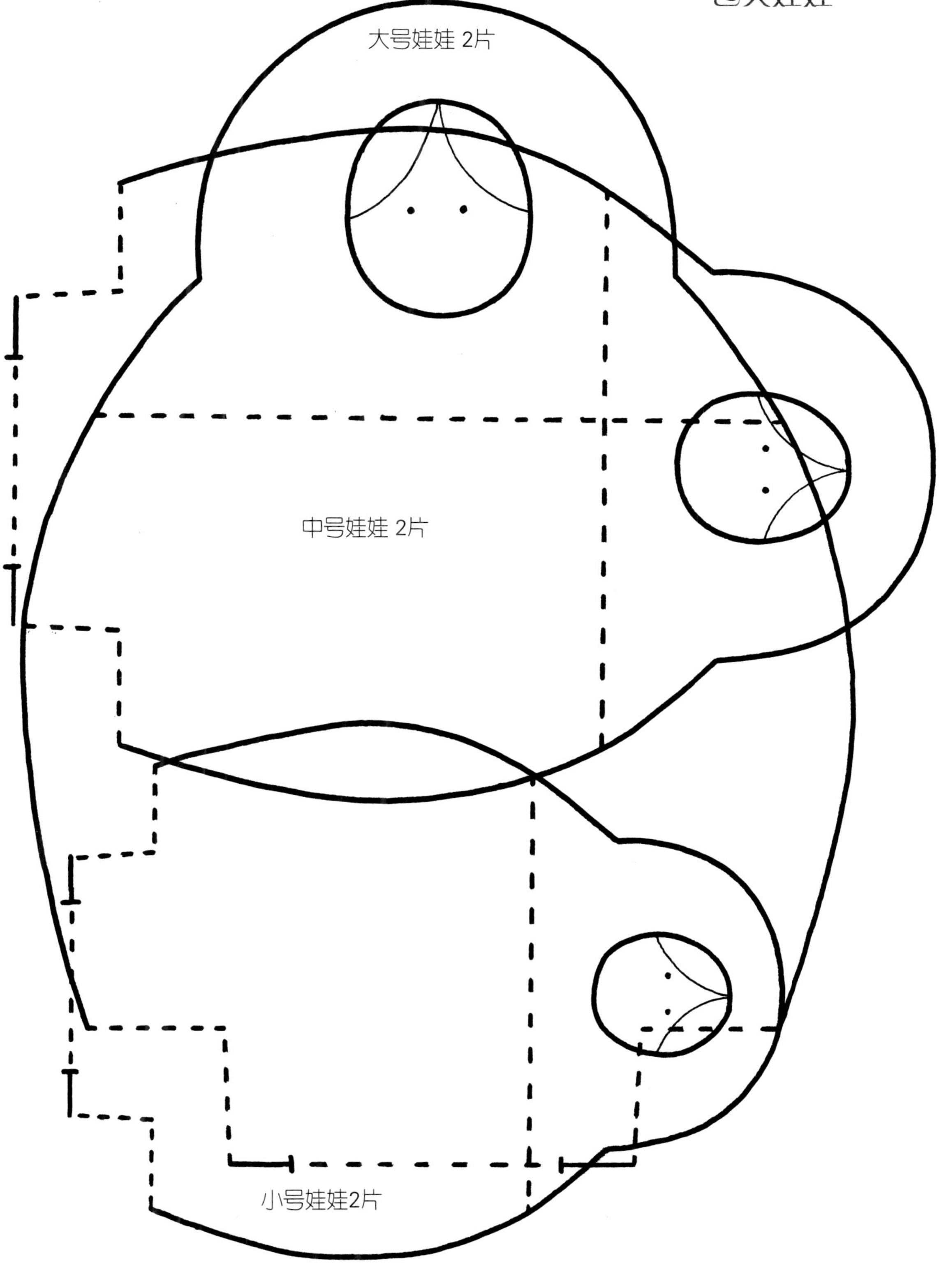

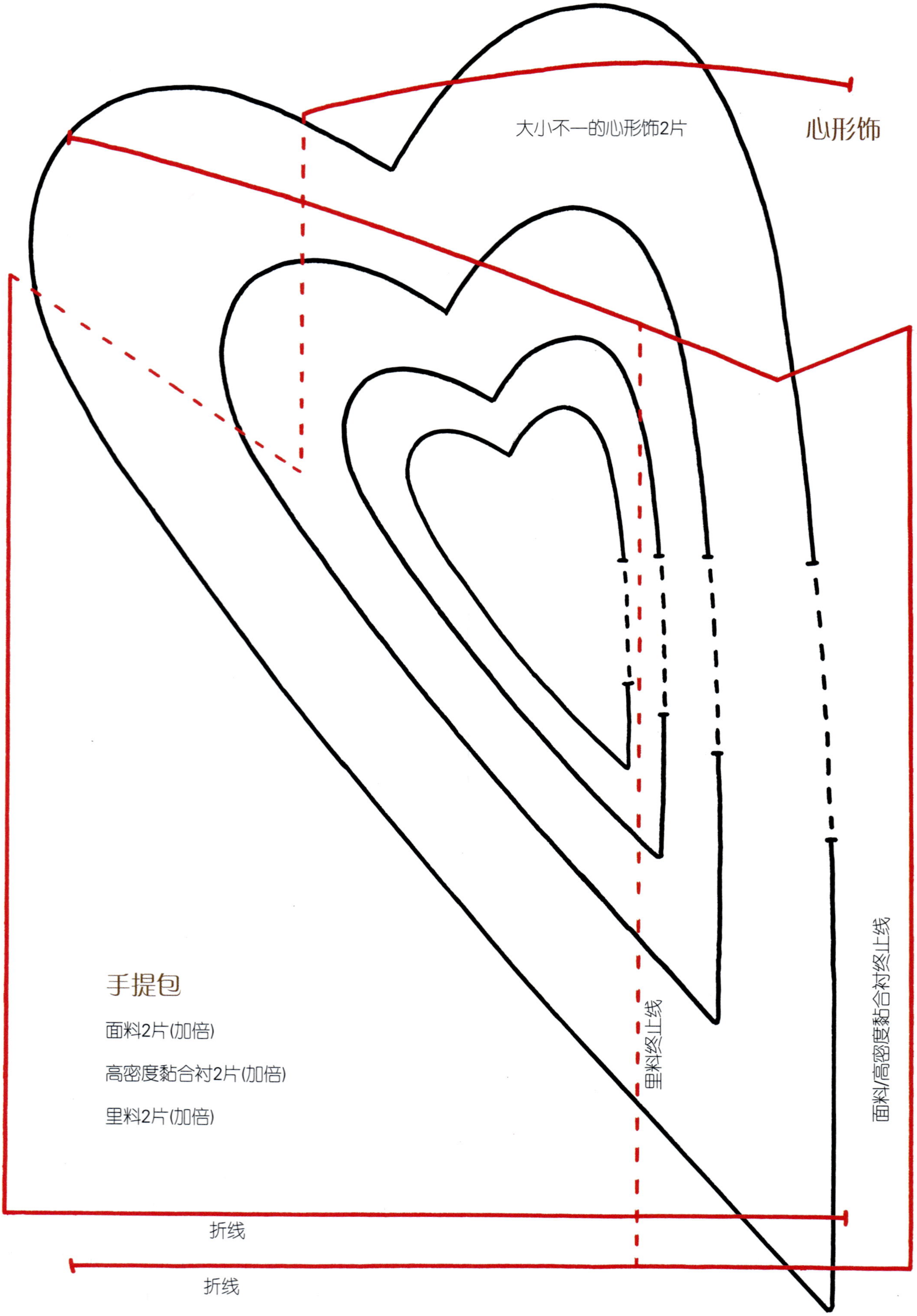
心形饰
大小不一的心形饰2片
手提包
面料2片(加倍)
高密度黏合衬2片(加倍)
里料2片(加倍)
里料终止线
面料/高密度黏合衬终止线
折线
折线

请沿此虚线剪下，传真或直接寄回

布艺样的家
节日家居布艺

450002

寄：郑州市经五路66号

河南科学技术出版社对外合作部　　收

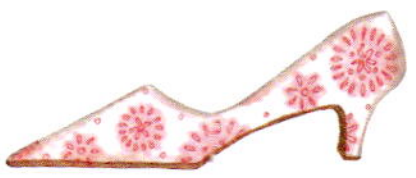

读者回函表

花一点点时间，寄回您的宝贵意见，感谢哦！

亲爱的读者，您好！感谢您对本书的关注！为了给您提供更多更好的手工类图书，我们渴望知道您的想法，这是一块完全属于读者的园地，请不要客气。留下您的宝贵意见，要记得寄回来哦！

购买书籍名称：

读者资料

姓 名： 性 别：□ 女 □ 男

联系电话(手机/座机)： 职 业：

电子信箱：

想听听您对本书的意见

1. 您是从哪里买到本书的呢？

□ 新华书店 □ 超市 □ 网站 □ 地铁站、机场、火车站

□ 其他（请注明）

2. 您对本书的总体印象是：

□ 非常满意 □ 比较满意 □ 一般 □ 不太满意

□ 其他（请注明）

3. 您最想购买关于哪方面的手工书？

□ 编织 □ 拼布类 □ 纸艺类 □ 串珠

□ 家居布艺 □ 皮革创作 □ 其他（请注明）

4. 您会继续购买本系列相关书籍吗？

□ 会 □ 不会

为什么？

5. 您可以接受手工书的价位为：

□ 15～25元 □ 26～33元 □ 34～45元 □ 14元以下

□ 其他（请注明）

6. 本书您喜欢的是：

□ 封面 □ 书名 □ 版式

□ 内容 □ 作者 □ 印刷

□ 其他（请注明）

7. 您对本书或者本公司有什么建议？

说明：

回函邮箱：henankeji2009@163.com 传真：0371-65727616

kaka 手工生活

www.diytimes.com